# 计算机应用基础学习指导

主　编　陈志辉

副主编　黄　海　郑　鹏　王智明

厦门大学出版社 国家一级出版社
XIAMEN UNIVERSITY PRESS 全国百佳图书出版单位

**图书在版编目（CIP）数据**

计算机应用基础学习指导 / 陈志辉主编. -- 厦门 ：
厦门大学出版社，2025. 1. -- ISBN 978-7-5615-9651
-7

Ⅰ. TP3

中国国家版本馆 CIP 数据核字第 2024CT2691 号

---

责任编辑　眭　蔚
美术编辑　李嘉彬
技术编辑　许克华

---

出版发行　厦门大学出版社

社　　址　厦门市软件园二期望海路 39 号
邮政编码　361008
总　　机　0592-2181111　0592-2181406(传真)
营销中心　0592-2184458　0592-2181365
网　　址　http://www.xmupress.com
邮　　箱　xmup@xmupress.com
印　　刷　厦门市竞成印刷有限公司

---

开　本　787 mm×1 092 mm　1/16
印　张　11.75
字　数　300 千字
版　次　2025 年 1 月第 1 版
印　次　2025 年 1 月第 1 次印刷
定　价　39.00 元

本书如有印装质量问题请直接寄承印厂调换

厦门大学出版社
微信二维码

厦门大学出版社
微博二维码

# 前　言

　　随着信息技术的飞速发展,计算机已深度融入社会的各个方面,成为人们工作、学习以及生活中不可或缺的关键要素。然而,在审视现有的计算机应用基础学习资料时,我们不难察觉其中存在诸多缺陷,比如部分资料内容陈旧,跟不上技术发展的步伐;有些则过于侧重理论,缺乏实践指导与深度解析,难以满足学生日益增长的学习需求。

　　鉴于此,我们精心编撰了这本《计算机应用基础学习指导》,作为与《计算机应用基础》配套的学习辅助教材。其核心宗旨在于为广大计算机基础课程的学习者呈上一本兼具全面性、系统性与实用性的学习指南,助力学生更为透彻地理解与掌握计算机基础知识,切实提升计算机操作技能与应用水平,着力培育学生的信息素养与创新思维,使其能够从容应对数字化时代学习、工作及生活中所面临的各种挑战。

　　本教材内容翔实且架构合理。全书共分为 7 章,系统梳理了《计算机应用基础》教材各章节的核心要点,涵盖计算机基础知识、计算机系统的组成结构、多媒体应用技术、计算机网络基础等,同时还设有办公软件应用的专门章节,对文字处理、电子表格制作以及演示文稿设计等实用技能展开深入细致的讲解,由此构建起一个完整且严谨的知识学习体系。所配备的习题紧密围绕知识点展开,难度设置恰到好处,解析详尽周全,既有助于学生巩固所学知识,又能有效提升其应试能力。在实验内容方面,我们精心设计了难度适中的办公软件应用综合性实验项目,实验步骤清晰,并配以丰富的图文说明,能够极大地助力学生将所学知识切实应用于实际操作之中,实现理论与实践的无缝对接。此外,本教材还充分与全国等级考试有机衔接,增设模拟试卷,为学生顺利通过等级考试筑牢根基。

　　本教材的编写团队由莆田学院陈志辉、黄海、郑鹏以及王智明 4 位成员组成。陈志辉老师在计算机教育领域长期耕耘,积累了丰富的教学经验,在教材整体框架的构建以及理论知识的系统梳理方面发挥了关键的引领作用;黄海老师专注于计算机应用技术研究领域,在教材的试题遴选与应用拓展维度方面贡献

　　了独到见解;郑鹏和王智明老师长期投身于计算机实验教学与科研工作,凭借对实验教学的深刻领悟,主导完成了实验内容的设计与持续优化工作。

　　在本教材的编写历程中,我们承蒙众多人士的鼎力支持与热心协助,尤其是厦门大学出版社的编辑团队,他们在整个教材出版流程中全程参与,悉心指导,发挥了重要作用。在此,向他们表示感谢。

　　在编写过程中尽管我们秉持精益求精的态度,全力追求尽善尽美,但受专业水平局限以及时间等因素的制约,本教材难免存在一些尚待完善之处。欢迎各位专家、教师以及学生将发现的问题和宝贵建议及时反馈给我们,我们会在修订时加以改进和完善。

作　者

2024 年 12 月

# 目 录

# 第1章　计算机基础知识

## 1.1　本章要点

### 知识点1：冯·诺依曼体系结构

作为现代计算机的基石，冯·诺依曼体系结构由美籍匈牙利数学家冯·诺依曼（John von Neumann）于1945年提出。它的核心思想是将程序指令和数据存储在同一个存储器中，并且让计算机按照顺序从存储器中读取指令来执行。其主要内容如下：

**1. 存储程序**

指令和数据都存储在存储器中，这意味着计算机可以根据需要从存储器中读取指令和数据进行处理，实现了程序的自动执行。

**2. 二进制表示**

计算机处理的数据和指令都采用二进制形式进行编码和存储，便于计算机的硬件电路进行识别和处理。

**3. 硬件组成**

计算机硬件由运算器、控制器、存储器、输入设备、输出设备五大部分组成。运算器负责执行各种算术和逻辑运算。控制器负责协调和指挥整个计算机系统的操作，控制指令的读取、执行和数据的传输等。存储器用于存储程序和数据。输入设备用于向计算机输入数据和信息。输出设备用于接收计算机数据的输出显示、打印，控制外围设备操作等。

**4. 存储器结构**

存储器是按地址访问的线性编址的一维结构，每个单元的位数是固定的。这使得计算机可以通过地址来准确地访问存储器中的指令和数据。

**5. 指令组成**

指令由操作码和地址组成。操作码指明本指令的操作类型，如算术运算、逻辑运算、数据传输等操作；地址指明操作数的地址或指令的下一条执行地址等。操作数本身无数据类型的标志，它的数据类型由操作码确定。

冯·诺依曼体系结构对现代计算机的发展产生了极其深远的影响，奠定了现代计算机的基本结构和工作原理。但随着计算机技术的不断发展，该体系结构的一些局限性也逐渐暴露出来。例如，在处理大量数据和复杂任务时，指令和数据共享总线，可能会导致性能瓶颈等问题。因此,人们在冯·诺依曼体系结构的基础上不断进行改进和创新,发展出了各种新型的计算机体系结构。

## ▌知识点 2:计算机的发展与应用

### 1. 计算机的发展

世界上第一台通用电子数字计算机是 1946 年在美国宾夕法尼亚大学研制成功的 ENIAC(electronic numerical integrator and computer)。电子计算机的发展经历了电子管计算机、晶体管计算机、小中规模集成电路计算机及大规模和超大规模集成电路计算机等阶段。

第一代(1946—1957 年):电子管计算机时代。

第二代(1958—1964 年):晶体管计算机时代。

第三代(1965—1970 年):小中规模集成电路计算机时代。

第四代(1971 年至今):大规模和超大规模集成电路计算机时代。

### 2. 计算机的应用领域

计算机的主要应用领域包括科学计算、信息处理、过程控制、网络通信、人工智能、多媒体、嵌入式系统、电子商务、虚拟现实、物联网、大数据和云计算等。例如,酒店预订管理系统属于信息处理应用,自动驾驶属于人工智能应用。

在计算机辅助方面也得到了广泛的应用,如计算机辅助设计(computer aided design, CAD)、计算机辅助制造(computer aided manufacturing,CAM)、计算机集成制造系统(computer integrated manufacturing system,CIMS)、计算机辅助测试(computer aided testing, CAT)和计算机辅助教学(computer aided instruction,CAI)。

## ▌知识点 3:计算机的分类

(1)按原理可分为电子数字计算机和电子模拟计算机。

电子数字计算机:以数字量(即不连续的离散量)形式在机器内部进行运算和存储。处理的信息是数字信号,表现为高、低电平两种状态,分别对应二进制 1 和 0。比如,用于工业控制的计算机,专门针对特定的生产流程进行控制和监测;还有能够满足多种不同计算需求的通用计算机,可以执行科学计算、数据处理、办公自动化等各种任务。

电子模拟计算机:处理的数据是连续的模拟量,如电压、电流等物理量的大小。运算过程是连续的,通过构建物理模型来模拟实际问题的求解过程。它常用于模拟物理系统、控制系统等领域。例如,在航空航天领域中,模拟飞机飞行过程中的空气动力学特性;在电路设计中,模拟电路的工作状态以优化电路性能。

(2)计算机按运算速度快慢、存储数据量的大小、功能的强弱,以及软硬件的配套规模等可分为巨型、大型、中型、小型和微型计算机。

## ▌知识点 4:尼·沃思的"算法＋数据结构＝程序"公式

尼·沃思强调了数据结构和算法在程序设计中的重要性。数据结构是指数据的组织方式和存储结构,决定了数据的存储效率和访问方式;算法则是解决问题的方法和步骤,决定了程序的运行效率和正确性。只有将合适的数据结构和算法结合起来,才能设计出高效、正确的程序。这一理论对计算机科学的发展产生了深远的影响,成为程序设计的基本准则之一。

## ▌知识点 5:信息技术概述

**1. 信息技术的相关人物**

控制论创始人是维纳,信息论创始人是香农,逻辑代数创始人是乔治·布尔,可计算理论创始人是图灵。

**2. 信息技术的组成**

信息技术是用来扩展人们信息器官功能、协助人们更有效地进行信息处理的一类技术。主要包括感测技术、通信技术、计算机技术和控制技术。计算机技术在未来信息技术中占据极其重要的地位,但未来信息技术的核心是光电子技术,光电子技术是继微电子技术之后近30 年迅猛发展的综合性高新技术。

**3. 数据和信息的关系**

(1)数据是信息的载体

数据是对客观事物的记录和表示,可以是数字、文字、图像、音频、视频等形式。信息则是对数据进行加工处理后得到的有意义的内容。数据为信息提供了表现形式和存储载体,没有数据,信息就无法存在。

(2)信息是数据的内涵

数据只有经过处理和解读才能转化为信息。信息赋予了数据特定的意义和价值,是数据所表达的核心内容。

(3)数据与信息相互转化

数据和信息之间可以相互转化。一方面,对数据进行收集、整理、分析和解释可以将数据转化为信息,为决策和行动提供依据;另一方面,信息可以通过编码、记录等方式转化为数据,以便存储、传输和处理。

(4)数据和信息共同推动决策和行动

数据和信息在决策和行动中都起着重要的作用。准确、及时的数据为信息的提取提供基础,有价值的信息则为决策和行动提供指导。

## ▌知识点 6:数制的概念及转换

**1. 数制的概念**

数制,也称记数制,是指用一组固定的符号和统一的规则来表示数值的方法。

常用数制有十进制(D)、二进制(B)、八进制(Q)和十六进制(H)。

各种数制的数码:

(1)十进制:0、1、2、3、4、5、6、7、8、9。

(2)二进制:0、1。

(3)八进制：0、1、2、3、4、5、6、7。

(4)十六进制：0、1、2、3、4、5、6、7、8、9、A、B、C、D、E、F。

**2. 数据的单位**

计算机中常用的数据单位是位、字节。

位(bit)是"0"或"1"，是组成二进制信息的最小单位，也称为1个"比特"，用"b"表示。

字节(Byte)是存储的基本单位，用"B"表示。

1 B＝8 b

1 KB＝$2^{10}$ B＝1024 B

1 MB＝$2^{10}$ KB＝1024 KB

1 GB＝$2^{10}$ MB＝1024 MB

**3. 数制的转换**

(1)二进制、八进制、十六进制数转换为十进制数

转换规则：将该进制数按权展开求和。

将$(101010.11)_2$、$(137)_8$、$(24B.F)_{16}$转换为十进制数。

$$(101010.11)_2=1\times2^5+1\times2^3+1\times2^1+1\times2^{-1}+1\times2^{-2}$$
$$=32+8+2+0.5+0.25$$
$$=42.75$$

$$(137)_8=1\times8^2+3\times8^1+7\times8^0$$
$$=64+24+7$$
$$=95$$

$$(24B.F)_{16}=2\times16^2+4\times16^1+11\times16^0+15\times16^{-1}$$
$$=512+64+11+0.9375$$
$$=587.9375$$

(2)十进制数转换为二进制、八进制、十六进制数

转换规则：将十进制数转换为二进制、八进制、十六进制数，可将此数分成整数与小数两部分，分别进行转换，再组合求和。

①十进制整数部分转换为二进制(八进制、十六进制)数的规则：除以2(8、16)取余，直至商为0，结果为从下往上。

$47=(?)_2=(?)_8=(?)_{16}$

具体计算过程如下：

因此，求得$47=(101111)_2=(57)_8=(2F)_{16}$。

②十进制小数部分转换为二进制(八进制、十六进制)数的规则：乘以2(8、16)取整，直至小数为0或达到要求的精度为止(当小数部分永远不会达到0时)，结果为从上往下。

$0.625＝(?)_2＝(?)_8＝(?)_{16}$

具体计算过程如下：

因此，求得 $0.625＝(0.101)_2＝(0.5)_8＝(0.A)_{16}$。

(3)八进制、十六进制数与二进制数的相互转换(表1-1)

表 1-1 二进制数与八进制、十六进制数之间的关系

| 二进制数 | 八进制数 | 二进制数 | 十六进制数 | 二进制数 | 十六进制数 |
|---|---|---|---|---|---|
| 000 | 0 | 0000 | 0 | 1000 | 8 |
| 001 | 1 | 0001 | 1 | 1001 | 9 |
| 010 | 2 | 0010 | 2 | 1010 | A |
| 011 | 3 | 0011 | 3 | 1011 | B |
| 100 | 4 | 0100 | 4 | 1100 | C |
| 101 | 5 | 0101 | 5 | 1101 | D |
| 110 | 6 | 0110 | 6 | 1110 | E |
| 111 | 7 | 0111 | 7 | 1111 | F |

①二进制数转换为八(十六)进制数的规则：以小数点为中心向两边分组，每三(四)位分成一组，首尾不足补0，将每组二进制数转换为对应的一位八(十六)进制数。

$(10101111110.11101)_2＝(?)_8＝(?)_{16}$

转换为八进制数的过程如下所示：

$(\underline{010} \quad \underline{101} \quad \underline{111} \quad \underline{110} \quad . \quad \underline{111} \quad \underline{010})_2$
$\quad 2 \qquad 5 \qquad 7 \qquad 6 \quad . \quad 7 \qquad 2$

求得：$(10101111110.11101)_2＝(2576.72)_8$。

转换为十六进制数的过程如下所示：

$(\underline{0101} \quad \underline{0111} \quad \underline{1110} \quad . \quad \underline{1110} \quad \underline{1000})_2$
$\quad 5 \qquad 7 \qquad E \quad . \quad E \qquad 8$

求得：$(10101111110.11101)_2＝(57E.E8)_{16}$。

②八(十六)进制数转换为二进制数的规则：将八(十六)进制数的每一位展开为3(4)位二进制数，去掉整数首部和小数尾部的0即可。

$(67.4)_8＝(?)_2$

将每位八进制数展开为三位二进制数，便得到转换结果。如下所示：

$(\quad 6 \qquad 7 \qquad . \qquad 4 \quad)_8$
$(\underline{110} \quad \underline{111} \quad . \quad \underline{100})_2$

求得：$(67.4)_8 = (110111.1)_2$。

$(7E.D4)_{16} = (?)_2$

将每位十六进制数展开为四位二进制数，便得到转换结果。如下所示：

( 7     E    .    D     4 )$_{16}$

(<u>0111</u>    <u>1110</u> .   <u>1101</u>   <u>0100</u>)$_2$

求得：$(7E.D4)_{16} = (1111110.110101)_2$。

## ▋知识点 7：二进制数

二进制数是计算机内部采用的一种记数系统，它只由 0 和 1 两个数字组成。计算机内部采用二进制数，主要理由是：

(1)二进制运算规则简单，便于高速运算。

(2)电路简单，实现方便，工作稳定可靠。

(3)"真"和"假"用"1"和"0"表示，方便逻辑运算。

二进制"与"($\&$)运算的运算规则：只有当两个位都为 1 时，结果才为 1，否则结果为 0。

例如：

$0 \& 0 = 0$

$0 \& 1 = 0$

$1 \& 0 = 0$

$1 \& 1 = 1$

二进制"或"($|$)运算的运算规则：只要有一个位为 1，结果就为 1，只有当两个位都为 0 时，结果才为 0。

例如：

$0 | 0 = 0$

$0 | 1 = 1$

$1 | 0 = 1$

$1 | 1 = 1$

## ▋知识点 8：西文字符的编码——ASCII 码

计算机用于表示字符的二进制编码称为字符编码。目前，国际上使用最普遍的字符编码是 ASCII(美国国家信息交换标准字符码)字符编码。

标准 ASCII 码是 7 位编码，可以表示 $2^7 = 128$ 个不同的字符，每个字符都有其不同的 ASCII 码值，编码范围是 00000000B～01111111B(00H～FFH)。这 128 个字符共分为 3 类，分别如下：

(1)数字字符 0～9。

(2)26 个大写英文字母和 26 个小写英文字母。

(3)各种运算符号、标点符号和控制符号等。

其中，数字字符、大写英文字母、小写英文字母都按照它们的自然顺序进行排列，空格

(32)＜数字符(48～57)＜大写英文字母(65～90)＜小写英文字母(97～122)。小写英文字母的 ASCII 码值比其相应大写英文字母的 ASCII 码值大 32。

例如,大写字母 D 的 ASCII 码值是 68,小写字母 d 的 ASCII 码值等于 68＋32＝100。

虽然标准 ASCII 码是 7 位编码,但由于字节是计算机中最基本的存储和处理单位,故一般仍以一个字节来存放一个 ASCII 字符。每个字节中多余出来的一位(最高位),在计算机内部通常保持为"0",而在数据传输时可用作奇偶校验位。ASCII 码见表 1-2。

**表 1-2　7 位 ASCII 码表**

| 低 4 位 | 高 3 位 | | | | | | | |
|---|---|---|---|---|---|---|---|---|
| | 000 | 001 | 010 | 011 | 100 | 101 | 110 | 111 |
| 0000 | NUL | DLE | SP | 0 | @ | P | ` | p |
| 0001 | SOH | DC1 | ! | 1 | A | Q | a | q |
| 0010 | STX | DC2 | " | 2 | B | R | b | r |
| 0011 | ETX | DC3 | # | 3 | C | S | c | s |
| 0100 | EOT | DC4 | S | 4 | D | T | d | t |
| 0101 | ENQ | NAK | % | 5 | E | U | e | u |
| 0110 | ACK | SYK | & | 6 | F | V | f | v |
| 0111 | BEL | ETB | ' | 7 | G | W | g | w |
| 1000 | BS | CAN | ( | 8 | H | X | h | x |
| 1001 | HT | EM | ) | 9 | I | Y | i | y |
| 1010 | LF | SUB | * | : | J | Z | j | z |
| 1011 | VT | ESC | + | ; | K | [ | k | { |
| 1100 | FF | FS | , | ＜ | L | \ | l | \| |
| 1101 | CR | GS | — | = | M | ] | m | } |
| 1110 | SO | RS | . | ＞ | N | ˆ | n | ~ |
| 1111 | SI | US | / | ? | O | _ | o | DEL |

## ▌知识点 9：汉字国标码

汉字国标码(GB 2312—80)将汉字分成一级常用汉字和二级次常用汉字两个等级；一个汉字的国标码需用 2 个字节存储,其每个字节的最高二进制位的值都为 0。

## ▌知识点 10：汉字区位码

在国标码中,所有的常用汉字和图形符号组成了一个 94 行、94 列的矩阵。每一行的行号称为"区号",每一列的列号称为"位号"。区号和位号都由两个十进制数表示,区号编号是 01～94,位号编号也是 01～94。由区号和位号组成的 4 位十进制编码被称为该汉字的区位码,其中区号在前,位号在后,并且每一个区位码对应唯一的汉字。区位码输入法的特点是一字一码,无重码。

例如,汉字"啊"的区位码是"1601",表示汉字"啊"位于 16 区的 01 位。

将区位码转换成 GB 2312—80 国标码的方法如下:

(1)将十进制的区号和位号分别转换成十六进制。

(2)将转换成十六进制的区号和位号分别加上 20H。

(3)将分别加上 20H 的区号和位号组合得到 GB 2312—80 国标码。

## ■知识点 11:机内码

机内码是在计算机内部对汉字进行存储、处理和传输的编码。

现实中,文本中的汉字与西文字符经常是混合在一起使用的,汉字信息如果使用最高位均为 0 的两个字节的国标码直接存储,则会与单字节的标准 ASCII 码发生冲突,所以为了解决冲突,采取把一个汉字国标码的两个字节的最高位都置为 1,即表示汉字国标码的两个字节分别加上 10000000B(或 80H),这种高位为 1 的双字节(16 位)汉字编码就称为 GB 2312—80 汉字的"机内码",又称内码。

这样由键盘输入汉字时输入的是汉字的外部码,而在机器内部存储汉字时用的是内码。

区位码+2020H=国标码

国标码+8080H=机内码

即区位码+A0A0H=机内码

## ■知识点 12:汉字的点阵与所占存储字节的关系

常用汉字点阵有 16×16、24×24、32×32 等,点阵数越大,分辨率越高,字形越美观,但占用的存储空间也越多。

例如:

16×16 点阵的汉字需要用 16×16/8=32 个字节存储表示;

24×24 点阵的汉字需要用 24×24/8=72 个字节存储表示;

32×32 点阵的汉字需要用 32×32/8=128 个字节存储表示。

# ✍ 1.2 习题及其解析

## ■1.2.1 计算机的发展与应用

1. 世界上公认的第一台通用电子数字计算机是( )。

A. EDSAC          B. ENIAC          C. MARK          D. EDVAC

**参考答案**：B。

【解析】1946 年，世界上第一台电子数字计算机 ENIAC 在美国宾夕法尼亚大学研制成功。

2. 关于第一台通用电子数字计算机 ENIAC 的叙述，不正确的是（　　）。

A. ENIAC 是 1946 年在美国宾夕法尼亚大学研制成功的

B. 它主要采用电子管和继电器

C. 它是首次使用存储程序和程序自动控制的电子计算机

D. 研制它的主要目的是用来计算弹道

**参考答案**：C。

【解析】ENIAC 于 1946 年诞生在美国，采用电子管作为主要电子器件，主要用于弹道计算、科学计算。而 ENIAC 没有采用存储程序和程序自动控制的思想。第一台采用存储程序和程序自动控制概念的电子计算机是英国剑桥大学威尔克斯（M. V. Wilkes）根据冯·诺依曼提出的存储程序的思想研制的 EDSAC（电子延迟存储自动计算机），于 1949 年建成投入运行。

3. 在电子计算机的发展历程中，第一代至第四代计算机依次为（　　）。

A. 电子管计算机，晶体管计算机，小中规模集成电路计算机，大规模和超大规模集成电路计算机

B. 晶体管计算机，集成电路计算机，大规模集成电路计算机，智能计算机

C. 读卡式计算机，电子管计算机，晶体管计算机，集成电路计算机

D. 手摇机械计算机，电动机械计算机，电子管计算机，晶体管计算机

**参考答案**：A。

【解析】电子计算机的发展经历了四代，其划分依据是构成计算机的电子元件。根据电子元件的不同，计算机被划分为四代：第一代是电子管计算机，第二代是晶体管计算机，第三代是小中规模集成电路计算机，第四代是大规模和超大规模集成电路计算机。

4. 按计算机应用的分类，酒店预订管理系统属于（　　）。

A. 网络通信　　　　B. 辅助设计　　　　C. 过程控制　　　　D. 信息处理

**参考答案**：D。

【解析】计算机的主要应用领域分为科学计算、信息处理、过程控制、网络通信、人工智能、多媒体、计算机辅助设计和辅助制造、嵌入式系统等。酒店预订管理系统主要用于信息处理，因此本题选 D。

5. 现代计算机中的电子器件主要是（　　）。

A. 电子管　　　　　　　　　　　B. 晶体管

C. 小规模集成电路　　　　　　　D. 大规模和超大规模集成电路

**参考答案**：D。

【解析】现代计算机属于第四代，大规模和超大规模集成电路为其主要器件。

6. 冯·诺依曼研制的 EDVAC 计算机的两个重要改进是（　　）。

A. 二进制和存储程序控制的概念　　　B. 运算器和存储器的概念

C. 采用机器语言和二进制　　　　　　D. 以上都不对

**参考答案**：A。

【解析】与第一台计算机 ENIAC 相比，EDVAC 的改进主要有：(1) 把十进制改成二进

制;(2)把程序和数据一起存储在计算机内,使全部运算成为真正的自动过程。

7. 计算机按原理可分为( )。

A. 科学计算、数据处理和人工智能计算机

B. 电子模拟计算机和电子数字计算机

C. 巨型、大型、中型、小型和微型计算机

D. 电子计算机、大规模和超大规模集成电路计算机

**参考答案**:B。

**【解析】**按原理可分为电子模拟计算机和电子数字计算机,选项 B 正确;选项 C 是按计算机的运算速度快慢和软硬件的配套规模等来分类的。

8. 计算机按运算速度快慢、存储数据量的大小、功能的强弱,以及软硬件的配套规模等可分为( )。

A. 电子模拟计算机和电子数字计算机

B. 科学计算、数据处理、人工智能计算机

C. 巨型、大型、中型、小型和微型计算机

D. 电子计算机、大规模和超大规模集成电路计算机

**参考答案**:C。

**【解析】**巨型、大型、中型、小型和微型计算机是按照计算机的运算速度快慢、存储数据量的大小等来划分的。其中巨型计算机运算速度极快,存储容量巨大,用于处理大规模的科学计算、气象预报、核物理研究等复杂且数据量庞大的任务。大型计算机性能也很强,主要用于大型企业、银行等机构的数据处理和管理。中型计算机性能适中。小型计算机体积较小,价格相对较低,适用于中小企业。微型计算机则是我们日常使用的个人计算机(PC),包括台式机、笔记本电脑等,其体积小,价格便宜,能满足个人办公、娱乐等基本需求。

9. 计算机的发展阶段通常是按计算机的( )来划分的。

A. 内存容量 B. 物理器件 C. CPU 型号 D. 操作系统

**参考答案**:B。

**【解析】**电子计算机的发展经历了四代,其划分依据是构成计算机的电子元件,答案为 B。

10. 集成电路使用的半导体材料通常是( )。

A. 铜 B. 铁 C. 硅 D. 碳

**参考答案**:C。

**【解析】**集成电路使用的半导体材料通常是硅(Si)、锗(Ge)和砷化镓(GaAs)等。硅是目前集成电路制造中最主要的半导体材料。它具有良好的稳定性、可靠性,且资源丰富。

11. 计算机应用中,下列英文和中文名字的对照正确的是( )。

A. CAD:计算机辅助制造 B. CAM:计算机辅助教育

C. CIMS:计算机集成制造系统 D. CAI:计算机辅助设计

**参考答案**:C。

**【解析】**CAD 是计算机辅助设计,CAM 是计算机辅助制造,CIMS 是计算机集成制造系统,CAI 是计算机辅助教学,因此本题选 C。

12. 按计算机应用的分类,办公室自动化(OA)属于( )。

A. 科学计算 B. 辅助设计 C. 人工智能 D. 信息处理

**参考答案:**D。

【解析】计算机的主要应用有科学计算、信息管理、过程控制、辅助设计、计算机辅助制造、计算机辅助教学、人工智能、多媒体技术应用、娱乐、计算机网络、嵌入式系统等。办公自动化属于信息处理,因此本题选D。

13."计算机集成制造系统"的英文简写是(　　)。

A. CAD　　　　　　B. CAM　　　　　　C. CIMS　　　　　　D. ERP

**参考答案:**C。

【解析】computer integrated manufacturing system 简写为 CIMS,即计算机集成制造系统,因此本题选C。

14."计算机辅助教学"的英文简写是(　　)。

A. CIMS　　　　　　B. CAM　　　　　　C. CAD　　　　　　D. CAI

**参考答案:**D。

【解析】computer aided instruction 简写为 CAI,即计算机辅助教学,因此本题选D。

15. 著名的计算机科学家尼·沃思提出了(　　)。

A. 算法+数据结构=程序　　　　　　B. 存储控制结构

C. 二进制　　　　　　　　　　　　　D. 机器语言

**参考答案:**A。

【解析】尼·沃思提出"算法+数据结构=程序"的著名公式。

16. 利用计算机进行资料检索工作是属于计算机应用中的(　　)。

A. 科学计算　　　　B. 数据处理　　　　C. 实时控制　　　　D. 人工智能

**参考答案:**B。

【解析】数据处理是指对各种形式的数据进行收集、存储、加工、分类、检索、传输等一系列活动的总和。利用计算机进行资料检索,本质上是对存储在计算机系统中的大量数据(如文献资料、档案数据等)进行查找、筛选和提取的过程。例如,在图书馆的数据库系统中,通过关键词搜索书籍信息,就是典型的数据处理应用,因此本题选B。而科学计算主要指利用计算机来完成科学研究和工程技术中提出的数学问题的计算。例如,在天文学中计算行星轨道、在物理学中进行量子力学的复杂计算等。实时控制指利用计算机对外部事件或过程进行及时的检测和控制。它主要应用于工业生产过程、航空航天系统等领域。人工智能是让计算机模拟人类的智能行为,如学习、推理、识别等。

17. 自动驾驶属于计算机的(　　)应用。

A. 人工智能　　　　B. 科学计算　　　　C. 信息处理　　　　D. 计算机辅助设计

**参考答案:**A。

【解析】自动驾驶主要依靠计算机系统来实现对车辆的感知、决策和控制,属于计算机应用中的人工智能领域。

## 1.2.2　信息技术概述

1. 以下叙述中,错误的是(　　)。

A. 维纳是控制论创始人　　　　　　　B. 香农是信息论创始人

C. 摩尔是可计算理论创始人　　　　　D. 布尔是逻辑代数创始人

**参考答案:**C。

**【解析】**美国科学家维纳提出了控制论;英国科学家乔治·布尔创立了逻辑代数;香农创立了狭义信息论;图灵是可计算理论创始人。

2. 信息论创始人是(    )。

A. 香农　　　　　　　B. 图灵　　　　　　　C. 爱因斯坦　　　　　D. 维纳

**参考答案:**A。

**【解析】**信息论创始人是香农,他提出了信息熵的概念,为信息论的发展奠定了基础。图灵是计算机科学之父,他提出了图灵机的概念,为现代计算机的发展奠定了理论基础。爱因斯坦是著名的物理学家,他提出了相对论等重要理论。维纳是控制论创始人,他提出了控制论的基本概念和方法。

3. 以下关于数据和信息的叙述中,不正确的是(    )。

A. 数据是信息的具体表现形式　　　　B. 信息是有意义的数据

C. 信息是数据的素材　　　　　　　　D. 一条信息可以表示为多种形式的数据

**参考答案:**C。

**【解析】**信息是数据的素材这种说法不正确。数据是对客观事物的记录和表示,可以是数字、文字、图像、音频、视频等形式。而信息是经过加工处理后具有特定意义的数据,是对数据进行分析、解释和赋予意义后得到的结果。应该说数据是信息的素材,通过对数据进行加工处理、分析解读等操作,从中提取出有价值的信息,而不能说信息是数据的素材。

## 1.2.3　信息的表示与编码

1. 1 GB 硬盘表示的存储容量为(    )。

A. 一万个字节　　　B. 一千万个字节　　　C. 十亿个字节　　　D. 一百亿个字节

**参考答案:**C。

**【解析】**操作系统中字节容量的单位换算:1 KB＝1024 B,1 MB＝1024 KB,1 GB＝1024 MB,1 TB＝1024 GB 等,而硬盘厂商通常以 1000 进位计算,故 1 GB＝1000×1000×1000 B,因此本题选 C。

2. 计算机中一个字节的二进制位数是(    )。

A. 1　　　　　　　　B. 2　　　　　　　　C. 4　　　　　　　　D. 8

**参考答案:**D。

**【解析】**字节是计算机中数据处理的基本单位。计算机中以字节为单位存储和解释信息,规定一个字节由 8 个二进制位构成,即 1 个字节等于 8 个比特(1 Byte＝8 bit)。

3. 下列不是度量存储器容量的单位是(    )。

A. TB　　　　　　　B. MB　　　　　　　C. GHz　　　　　　　D. GB

**参考答案:**C。

**【解析】**存储器容量的单位有 KB、GB、MB、TB 等,而 GHz 在计算机中一般指频率单位,比如 CPU 的频率,因此本题选 C。

4. 下列度量存储器容量的单位中,最大的单位是(    )。

A. KB　　　　　　　B. MB　　　　　　　C. TB　　　　　　　D. GB

**参考答案**:C。

**【解析】**1 KB=1024 B,1 MB=1024 KB,1 GB=1024 MB,1 TB=1024 GB,因此本题选 C。

5. 在计算机术中,存储器的最小单位是（  ）。

A. 字节（Byte）　　　　　　　　　　 B. 二进制位（bit）

C. 双字（double word）　　　　　　　 D. 字（word）

**参考答案**:B。

**【解析】**位（bit）:是计算机中最基本的单位,表示二进制数字的 1 位,可以存储 0 或 1。位的数量决定了计算机能够表示的状态和信息的范围。

字节（Byte）:是计算机中常用的存储单位,由 8 个连续的位组成。一个字节可以存储一个字符或者 8 个二进制位。

字（word）:是计算机中数据传输和处理的基本单位,它表示计算机一次能够处理的二进制数据长度。字的大小因不同的计算机体系结构而异,通常为 16 位、32 位或 64 位。

双字（double word）:是指两个字组合在一起的数据单位,通常为 32 位。在一些计算机架构中,双字也称为双字长（double word length）。双字用于表示 32 位的整数或地址。

6. 计算机内部采用二进制表示数据信息,二进制的主要优点是（  ）。

A. 容易实现　　　 B. 方便记忆　　　 C. 书写简单　　　 D. 符合使用的习惯

**参考答案**:A。

**【解析】**计算机内部采用二进制表示数据信息,其主要优点是易于实现,主要表现在物理实现简单与逻辑运算简便。

7. 二进制 11011 和 10110 进行"与"运算,结果是（  ）。

A. 10010　　　　 B. 21121　　　　 C. 01101　　　　 D. 11111

**参考答案**:A。

**【解析】**二进制"与"（&）运算的运算规则:只有当两个位都为 1 时,结果才为 1,否则结果为 0。

8. 在非 0 无符号二进制整数之后添加一个 0,则此数的值为原数的（  ）。

A. 2 倍　　　　　 B. 10 倍　　　　　 C. 1/2　　　　　 D. 1/10

**参考答案**:A。

**【解析】**无符号二进制整数最后位加 0 等于前面所有位都乘以 2 再相加,所以是 2 倍,类似十进制中最后加 0 等于原数的 10 倍,因此本题选 A。

9. 去掉非 0 无符号偶整数最后的 1 个 0,则此数的值为原数的（  ）。

A. 2 倍　　　　　 B. 10 倍　　　　　 C. 1/2　　　　　 D. 1/10

**参考答案**:C。

**【解析】**去掉偶整数后的 1 个 0 等于前面所有位都除以 2 再相加,所以是原数的 1/2,类似十进制中最后的 0 去掉等于原数的 10 倍,因此本题选 C。

10. 在微机中,西文字符的编码是（  ）。

A. Unicode 编码　 B. ASCII 码　　　 C. GB 2312 编码　　 D. BCD 码

**参考答案**:B。

**【解析】**计算机常用的编码有以下几种:ASCII 码是一种基于拉丁字母的编码系统,使用 7 位二进制数来表示 128 个字符。Unicode 编码是一种全球统一的字符编码标准,包括世界上所有的字符,使用 16 位或 32 位二进制数来表示。GB 2312 编码是中国国家标准的汉字编码字符集,包括 6763 个汉字和 682 个非汉字字符,采用双字节表示。BCD 码(binary-coded decimal),即二进制编码的十进制数,是一种用二进制编码来表示十进制数的编码方式 。

11. 下列字符中,其 ASCII 码值最小的一个是(    )。

A. 空格            B. 0            C. A            D. a

**参考答案**:A。

【解析】空格的 ASCII 码是 32;0～9 的 ASCII 码是 48～57;大写英文字母从 A 到 Z 的 ASCII 码是 65～90;小写英文字母从 a 到 z 的 ASCII 码是 97～122。因此本题选 A。

12. 在 ASCII 码表中,根据码值由小到大的排列顺序是(    )。

A. 空格字符、数字符、大写英文字母、小写英文字母

B. 空格字符、数字符、小写英文字母、大写英文字母

C. 数字符、空格字符、大写英文字母、小写英文字母

D. 数字符、大写英文字母、小写英文字母、空格字符

**参考答案**:A。

【解析】空格的 ASCII 码是 32;0～9 的 ASCII 码是 48～57;大写英文字母从 A 到 Z 的 ASCII 码是 65～90;小写英文字母从 a 到 z 的 ASCII 码是 97～122。因此本题选 A。

13. 在下列字符中,其 ASCII 码值最大的一个是(    )。

A. 1            B. b            C. A            D. a

**参考答案**:B。

【解析】0～9 的 ASCII 码是 48～57;大写英文字母从 A 到 Z 的 ASCII 码是 65～90;小写英文字母从 a 到 z 的 ASCII 码是 97～122,因此 b 的 ASCII 码值最大,选 B。

14. 已知英文字母 A 的 ASCII 码是 65,则英文字母 a 的 ASCII 码是(    )。

A. 97            B. 33            C. 91            D. 39

**参考答案**:A。

【解析】英文字母 A 的 ASCII 码是 65,A 和 a 中间 ASCII 编码差 32,65+32=97。

15. 标准 ASCII 码的长度是(    )。

A. 7 位            B. 8 位            C. 16 位            D. 2 位

**参考答案**:A。

【解析】一个 ASCII 码值占一个字节(8 位),最高位用作奇偶校验位,所以一个字符的标准 ASCII 码值的长度是 7 位,因此本题选 A。

16. 在标准 ASCII 码表中,已知英文字母 A 的 ASCII 码是 01000001,则英文字母 D 的 ASCII 码是(    )。

A. 01000011            B. 01000100            C. 01000101            D. 01000110

**参考答案**:B。

【解析】D 的 ASCII 码和 A 的 ASCII 码相差 3。

17. 下列叙述中,正确的是(    )。

A. 一个字符的标准 ASCII 码占一个字节的存储量,其最高位二进制总为 0

B. 大写英文字母的 ASCII 码值大于小写英文字母的 ASCII 码值

C. 同一个英文字母(如字母 A)的 ASCII 码和国标码的值一样

D. 标准 ASCII 码表的每一个 ASCII 码都能在屏幕上显示成一个相应的字符

**参考答案:**A。

**【解析】**一个 ASCII 码值占一个字节(8 位),最高位用作奇偶校验位,最高位置 0。选项 A 正确。

18. 标准的 7 位二进制 ASCII 码,可表示不同的编码个数是( )。

    A. 127         B. 128         C. 255         D. 256

**参考答案:**B。

**【解析】**标准的 ASCII 码为 7 位,最高位用作奇偶校验位;二进制 7 位最多能表示 128 个不同的字符,故选 B。

19. 用 48×48 点阵来表示一个汉字字形,那么需要的字节数是( )。

    A. 2304         B. 288         C. 48         D. 36

**参考答案:**B。

**【解析】**占用的大小为 48×48(位),单位转换为字节,故需除以 8,即 48×48÷8=288 字节,故选 B。

20. 存储 1024 个 32×32 点阵的汉字,需要占用的空间是( )。

    A. 1024 KB         B. 128 KB         C. 1024 B         D. 128 B

**参考答案:**B。

**【解析】**1024 个需要 1024×32×32÷8=1024×128 字节=128 KB,因此本题选 B。

21. 汉字国标码(GB 2312—80)将汉字分成( )。

    A. 简化字和繁体字两种

    B. 一级汉字、二级汉字和三级汉字三个等级

    C. 一级常用汉字、二级次常用汉字两个等级

    D. 常用字、次常用字、罕见字三个等级

**参考答案:**C。

**【解析】**每个汉字都有个二进制编码,叫汉字国标码。在我国汉字代码标准 GB 2312—80 中有 6763 个常用汉字规定了二进制编码。每个汉字使用两个字节。GB 2312 将收录的汉字分成两级:第一级是常用汉字 3755 个,第二级汉字 3008 个。

22. 一个汉字的国标码需用两个字节存储,其每个字节的最高二进制位的值分别为( )。

    A. 0,0         B. 1,0         C. 0,1         D. 1,1

**参考答案:**A。

**【解析】**国标码两个字节的最高位都为 0,机内码两个字节的最高位都为 1,因此本题选 A。

23. 在计算机中,对汉字进行传输、处理和存储时使用汉字的( )。

    A. 字形码         B. 国标码         C. 输入码         D. 机内码

**参考答案:**D。

**【解析】**字形码存储的是汉字的点阵图,用于显示或打印汉字时使用;国标码,又称汉字交换码,在计算机之间交换信息用;输入码包括拼音编码和字形编码。GB 2312—80 是我国第一个汉字编码国标,它规定一个汉字占两个字节,即 16 bit。国标码使每个汉字都有了唯一对应的码,但在计算机内国标码会与 ASCII 码冲突,所以将国标码每个字节加上 80H,成

为存储、处理、加工和传输汉字所使用的机内码,因此本题选 D。

24. 区位码输入法的特点是(　　　　)。

A. 方法简单,容易记忆　　　　　　　B. 易记易用

C. 一字一码,无重码　　　　　　　　D. 编码有规律,不易忘记

**参考答案:**C。

**【解析】**一个汉字对应一个区位码,由四位数字组成,前两位数字为区码,后两位数字为位码,特点是每个国标码对应一个汉字或一个符号,没有重码,而区位码不容易记忆,也不好使用。

25. 二进制数 10101 与 11011 进行逻辑"或"运算的结果是(　　　　)。

A. 110000　　　　B. 11111　　　　C. 10011　　　　D. 01110

**参考答案:**B。

**【解析】**二进制"或"(|)运算的运算规则:只要有一个位为 1,结果就为 1,只有当两个位都为 0 时,结果才为 0。

26. 十进制整数 66 转换为二进制整数等于(　　　　)。

A. 1100000　　　　B. 1000010　　　　C. 1000100　　　　D. 1000010

**参考答案:**B。

**【解析】**十进制整数转换为二进制整数采用"除 2 取余,逆序排列"法。用 2 去除十进制整数,可以得到一个商和余数;再用 2 去除商,又会得到一个商和余数,如此进行,直到商为零时结束,然后把先得到的余数作为二进制数的低位有效位,后得到的余数作为二进制数的高位有效位,依次排列起来。

27. 无符号二进制整数 111 转换成十进制数等于(　　　　)。

A. 7　　　　B. 5　　　　C. 4　　　　D. 3

**参考答案:**A。

**【解析】**各位上的位数字乘以相应权值再相加即可,即 $2^2+2^1+2^0=7$。

28. 下列各个数中正确的八进制数是(　　　　)。

A. 1001　　　　B. 1080　　　　C. 8　　　　D. FA

**参考答案:**A。

**【解析】**八进数只有 0~7。

29. 一个 8 位的无符号二进制整数能表示的十进制数值范围是(　　　　)。

A. −128~127　　　　B. 0~255　　　　C. 1~256　　　　D. −127~128

**参考答案:**B。

**【解析】**无符号数是从 0 开始的正整数。8 位无符号的范围是 00000000~11111111,对应的十进制就是 0~255。

30. 根据某进制的运算规则 $2\times3=10$,则 $3\times4=$(　　　　)。

A. 15　　　　B. 17　　　　C. 20　　　　D. 21

**参考答案:**C。

**【解析】**据运算规则 $2\times3=10$,可判定是采用六进制,故十进制 12 转换为六进制结果为 20。

# 第 2 章　计算机系统

## 2.1　本章要点

### 知识点 1：计算机系统组成

计算机系统由硬件系统和软件系统组成。

### 知识点 2：计算机硬件系统

计算机硬件系统由运算器、控制器、存储器、输入设备和输出设备组成。

**1. 中央处理器 CPU(central processing unit)**

中央处理器亦称微处理器,是一台计算机的运算核心和控制核心。

(1)运算器

运算器是计算机处理数据的核心部件,主要对数据进行算术运算或逻辑运算。运算器性能是衡量计算机性能的重要指标之一。运算器性能指标主要有字长和运算速度。

(2)控制器

控制器是计算机的神经中枢,指挥全机中各个部件自动协调工作。其基本功能是从内存取指令、分析指令和向其他部件发出控制信号。

**2. 存储器**

存储器是存放指令和数据的硬件,是计算机各种信息的存储和交流中心。它可分为两大类:内存(又称主存)和外存(又称辅存)。

(1)内存

内存用来存放正在运行的程序和数据,直接与 CPU 交换信息。它可分为随机存取存储器(random access memory,RAM)、只读存储器(read-only memory,ROM)和高速缓冲存储器(Cache)。

①RAM 具有两个特征:可读/写,即对 RAM 可以进行读也可以进行写操作;易失性,计算机关机或异常断电,RAM 的数据会丢失。

②ROM 只能读出而无法写入信息。信息一经写入就固定下来,即使切断电源,信息也不会丢失,一般用来存放监控程序、系统引导程序和系统硬件信息等内容。

③高速缓冲存储器是用于减少处理器访问内存所需平均时间的部件,设高速缓冲存储器是为了解决 CPU 运算速度与内存读写速度不匹配的矛盾。缓存的容量比内存小得多,但是其速度比内存快得多。

④内存的性能指标:存储容量和存储速度。存储容量指的是存储器中所能存储的二进制代码的总位数。存储速度可用存取时间、存取周期或者带宽来表示。

（2）外存

外部储存器(简称外存)可存放大量程序和数据,且断电后数据不会丢失。常见的外存有硬盘、软盘、光盘、U 盘等。其中,硬盘是微型计算机上主要的外存,具有容量大、价格低等优点,计算机所需的大部分软件、数据等都存储在硬盘上。

**3. 输入设备**

输入设备将程序、数据、文本等内容输入计算机。常用的输入设备有键盘、磁卡阅读器、条码阅读器、纸带阅读器、卡片阅读器等。

**4. 输出设备**

输出设备可以把各种计算结果数据或信息以数字、字符、图像、声音等形式表示出来。常见的输出设备有显示器、打印机、绘图仪、影像输出系统、语音输出系统、磁记录设备等。

**5. 主板、总线和接口**

微型计算机通过主板上的总线及接口将 CPU 等器件与外部设备连接形成微机硬件系统。总线(bus)是计算机各种功能部件之间传送信息的公共通信干线。I/O 接口是外部设备与计算机连接的端口。

## ▌知识点 3:计算机软件系统

计算机的软件系统是计算机运行的各种程序、数据及相关文档资料的总称。

**1. 软件概念**

（1）程序

"算法＋数据结构＝程序",程序是使计算机完成某种任务的一个有序的命令(指令语句)和数据的集合。

（2）程序设计语言

程序设计语言是人与计算机交流的工具,是用来书写计算机程序的工具。计算机程序设计语言通常包括机器语言、汇编语言和高级语言三大类。

（3）语言处理程序

程序设计语言编写的程序都必须经过翻译转换为计算机所能识别的机器语言程序,这个翻译过程由翻译程序实现。

**2. 软件系统组成**

计算机的软件系统包括系统软件和应用软件两类。

（1）系统软件

系统软件是完成对整个计算机系统进行调度、管理、监控及服务等功能的软件。系统软件一般包括操作系统、语言处理程序、数据库管理系统、系统服务程序和标准库程序等。

（2）应用软件

应用软件是用户可以使用的各种程序设计语言,以及用各种程序设计语言编制的应用程序的集合。它分为应用软件包和用户程序。常用的应用软件有办公软件、多媒体处理软件、互联网软件、辅助设计软件、企业管理软件、安全防护软件等。

## 知识点 4：操作系统

**1. 操作系统的定义**

操作系统控制和管理整个计算机系统的硬件和软件资源，并合理地组织调度计算机的工作和资源的分配，以提供给用户和其他软件方便的接口和环境。它是计算机系统中最基本的系统软件。

**2. 操作系统的功能**

操作系统的主要功能有处理机管理、存储器管理、输入/输出设备管理、文件管理和用户接口管理。

（1）处理机管理

处理机的分配和运行都是以进程为基本单位的，因此操作系统对处理机的管理可归结为对进程的管理。

（2）存储器管理

存储器管理是指对计算机内存的管理。存储器管理的主要任务是负责内存分配、内存保护和内存扩充，合理地为程序分配内存，保证程序间不发生冲突和相互破坏。

（3）输入/输出设备管理

输入/输出设备管理的主要任务是管理与计算机相连的各类外围设备，提高设备的利用率及设备与处理器并行的工作能力，使用户方便灵活地使用设备。

（4）文件管理

处理器管理、存储器管理和设备管理都是针对计算机硬件资源的管理，而软件资源的管理称为信息管理，即文件管理。

（5）用户接口管理

用户接口管理是用户使用计算机实现各种预期目标的唯一通道和桥梁。用户接口为用户提供了方便、友好的用户界面，使用户无须了解过多的软硬件细节就能方便灵活地使用计算机。

**3. 操作系统的发展**

操作系统主要经历了以下几个阶段：手工操作阶段、单道批处理系统、多道批处理系统、分时系统、实时系统、现代操作系统。

**4. 操作系统的分类**

常见的操作系统有以下几类。

（1）单用户操作系统

单用户操作系统每次只允许一个用户使用计算机，早期的 DOS、Windows 95 属于单用户操作系统。

（2）批处理操作系统

批处理是指用户将一批作业提交给操作系统后就不再干预，由操作系统控制它们自动运行。

（3）分时操作系统

分时操作系统是使一台计算机采用时间片轮转的方式同时为多个用户服务的一种操作

系统。它把计算机与许多终端用户连接起来,将系统处理机时间与内存空间按一定的时间间隔轮流地切换给各终端用户的程序使用。

(4)实时操作系统

实时操作系统是保证在一定时间限制内完成特定功能的操作系统。

(5)分布式操作系统

分布式操作系统是建立在网络基础之上的软件系统,是网络操作系统的更高级组织形式。它有效地解决了不同地域的计算机之间资源共享、均衡负载和并行处理等问题。

(6)网络操作系统

网络操作系统是网络上各计算机能方便而有效地共享网络资源,为网络用户提供所需的各种服务的软件和有关规程的集合。

(7)手机操作系统

智能手机操作系统具有独立的操作系统和良好的用户界面,以及很强的应用扩展性,方便安装、删除应用程序。目前常用的智能手机操作系统有谷歌的 Android、苹果的 iOS 和华为的 Harmony OS。

## ■知识点 5:Windows 7 操作系统

### 1. Windows 7 基本操作

(1)鼠标操作

鼠标作为计算机输入设备,使计算机操作变得更加简便。鼠标常见的指针形状及其对应的功能见表 2-1。

表 2-1　鼠标指针形状及对应的功能

| 指针形状 | 对应功能 | 指针形状 | 对应功能 | 指针形状 | 对应功能 |
|---|---|---|---|---|---|
| ⌖ | 正常选择 | I | 选择文本 | ↘ | 对角线调整 1 |
| ⌖? | 步骤选择 | ✎ | 手写 | ↗ | 对角线调整 2 |
| ⌖Ⅰ | 后台运行 | ⊘ | 不可用 | ✛ | 移动 |
| ⧗ | 等待 | ↕ | 垂直调整 | ↑ | 其他选择 |
| ＋ | 精确定位 | ↔ | 水平调整 | ☝ | 链接选择 |

(2)键盘操作

在 Windows 中,常用的键盘功能键、组合键及其对应的功能如下:

Alt+Tab:在打开的应用之间切换。

Alt+F4:关闭窗口活动项,或者退出活动应用。

Ctrl+F4:关闭活动文档(在可全屏显示并允许同时打开多个文档的应用中)。

Ctrl+A:全选,选择文档或窗口中的所有项目。

Ctrl＋D(或 Delete)：删除选定项,将其移至回收站。

Ctrl＋R(或 F5)：刷新活动窗口。

Ctrl＋空格键：打开或关闭中文输入法编辑器(IME)。

Ctrl＋Shift(及箭头键)：选择文本块。

Ctrl＋Esc(Win 键)：打开"开始"菜单。

Ctrl＋Shift＋Delete：打开 Windows 任务管理器。

Shift＋Space(空格键)：切换全角/半角输入状态。

PrintScreen 键：将屏幕图像复制到剪贴板中。

**2. 文件管理**

(1)文件

文件是存储在计算机外部存储器的一组相关信息的集合,是 Windows 存储和管理信息的最小组织单位。文件名由主文件名和可选扩展名组成,主文件名和扩展名用"."隔开。

文件名命名规则：

①文件名建议由有意义的词或数字组合,便于用户识别。

②除"/""\""?"" ＊ ""|""""＜""＞"之外均可以作为文件名。

③文件名不区分大小写。

④查找时可以使用通配符"?"" ＊ ","?"代表任意一个字符," ＊ "代表任意字符串。

(2)文件夹

为了便于管理文件,Windows 把存储器分成一级级文件夹,用于存放一些性质相似的文件或文件夹。

(3)文件路径

存放文件的位置即文件路径。文件路径有绝对路径和相对路径两种。

①绝对路径：从根目录开始,依序到该文件之前的名称,如"C:\Windows\Media\tada. wav"。

②相对路径：从当前目录开始到某个文件之前的名称,如当前目录为 Windows,则对应的相对路径为"Media\tada. wav"。

(4)文件属性

文件属性包含文件的详细信息,常见的有文件大小、类型、作者姓名、存储的位置等。属性便于文件查找和整理归类。文件夹的属性和文件属性类似。常见的属性有只读、隐藏、存档。

(5)文件和文件夹操作

文件和文件夹的常见操作有以下几种：

①创建：用户可以在外部存储器上的任何位置创建文件,文件可以通过多种方式创建。下面是一种常见的创建方式：首先打开需创建文件的目录,在窗口空白区域鼠标右击打开快捷菜单,选择"新建",选择所需要创建的文件类型。创建完后可以直接输入新的文件名,也可以单击右键"重命名"进行改名。

②复制、移动、删除：对选定文件或文件夹进行复制、移动、删除操作,可通过以下几种方式来实现：利用 Ctrl＋C(复制)、Ctrl＋X(剪切)、Ctrl＋V(粘贴)、Delete(删除)键盘快捷键来实现；利用单击鼠标右键弹出的快捷菜单来实现；通过按住鼠标右键拖动来实现；通过文件夹窗口的"组织"菜单项中的"移动到""复制到""删除"来实现。

③搜索:通过资源管理器的地址栏可进行文件或文件夹的搜索。

(6)快捷方式

快捷方式是文件或文件夹的快速访问方式,它是一个连接对象的图标,是指向这个对象的指针。打开快捷方式可打开相对应的内容。可在桌面也可以在其他文件夹创建快捷方式。创建快捷方式可通过选定对象,单击右键并选择快捷菜单中的"发送到"|"桌面快捷方式"。也可以选定对象,单击"复制",并在需要创建快捷方式的位置,单击右键选择快捷菜单中的"粘贴快捷方式"。

(7)回收站

用户删除操作其实是将文件移动到回收站,此时文件仍占用磁盘空间,通过在回收站里"删除"或"清空回收站"可将其真正地删除,单击"还原"则恢复删除的文件。

### 3. 程序管理

(1)程序的安装

Windows 7除了自带一些小型应用程序,大部分应用程序需用户自行安装。安装文件可来自光盘、磁盘、网络等。程序常见的安装文件名为 Setup. exe 或 Install. exe,双击打开,根据安装向导完成程序的安装。

(2)Windows 小程序

Windows 系统自带一些小程序,常用的有记事本、画图、计算器、字板等,可以在"开始菜单"|"所有程序"|"附件"菜单项中找到这些小程序。

①计算器:计算器分为"标准型""科学型""程序员"等模式,用户可根据需要选择相应模式进行计算。"标准型"计算器主要用于简单的数学运算。"科学型"计算器除了简单数学运算,还具备函数、弧度等计算功能。"程序员"计算器可进行不同数制的计算。

②画图:画图是一个简单的图像绘画和编辑程序,可以对各种位图格式的图画进行编辑。用户可以自己绘制图画,也可以对扫描的图片进行编辑修改,在编辑完成后,可以以BMP、JPG、GIF 等格式保存到存储器中。

(3)任务管理器

任务管理器提供计算机性能的信息,并显示计算机上所运行的程序和进程的详细信息。

### 4. Windows 7 系统设置

(1)控制面板

控制面板(图 2-1)是对系统进行设置的工具集之一,集中了计算机设置的工具,方便查看和设置系统状态。

(2)外观和个性化设置

外观和个性化设置主要包括桌面主题、窗口颜色、背景、屏幕保护程序、分辨率、任务栏、开始菜单、文件夹选项等设置。

(3)时间设置

时间设置可以更改日期、时间、时区,也可以设置与 Internet 时间同步。

(4)输入法设置

输入法设置可以更改键盘输入的语言。

(5)硬件管理

Windows 7 通过控制面板中的设备和打印机、设备管理器、系统、声音、电源选项等实现硬件管理。

（6）网络设置

在 Windows 7 中，连接宽带网络设置、无线网络设置、文件共享设置等都可以在"网络和共享中心"面板中完成。

图 2-1　控制面板

### 5. 系统维护与优化

（1）磁盘维护

磁盘维护主要是为文件分配存储空间；合理地组织文件，提高文件的访问速度，提高磁盘空间的利用率，提高系统性能。

（2）系统备份与还原

Windows 7 为用户提供文件、系统备份的功能，用户可以手动创建备份，也可以制订备份计划自动进行备份。创建完文件备份，可以进行文件还原，若是对系统备份，则可进行系统还原。

（3）虚拟内存管理

Windows 中运用了虚拟内存技术，把硬盘一部分空间匀出来充当内存使用。

### 6. Internet 应用

（1）万维网

万维网（world wide web，WWW）是基于客户机/服务器方式的信息发现技术和超文本技术的综合。WWW 可以让 Web 客户端（常用浏览器）访问浏览 Web 服务器上的页面。它是一个由许多互相链接的超文本组成的系统，可以实现互联网访问。

（2）超文本

超文本是用超链接的方法，将各种不同空间的文字信息组织在一起的网状文本。网页上的链接通常都属于超文本。

（3）文件传输协议

文件传输协议（file transfer protocol，FTP）是用于在网络上进行文件传输的一套标准协议，它允许用户以文件操作的方式与另一主机进行通信。用户可用 FTP 程序访问远程资源，实现用户往返传输文件、目录管理以及访问电子邮件等。

（4）浏览器

浏览器是用于浏览万维网的工具，常见的浏览器有微软公司的 IE、谷歌公司的 Chrome。浏览器通常具有网页浏览、网页保存、网页收藏等功能。

（5）电子邮件

电子邮件是一种用电子手段提供信息交换的通信方式。通过网络的电子邮件系统，用户可以快速与世界上任何一个角落的网络用户联系。电子邮件可以是文字、图像、声音等多种形式。

①电子邮件地址：电子邮件地址由三部分组成。第一部分"USER"是用户信箱的账号，对于同一个邮件接收服务器来说，这个账号必须是唯一的。第二部分"@"是分隔符。第三部分是用户信箱的邮件接收服务器域名，用以标志其所在的位置。

②电子邮件的使用：收发电子邮件可通过 Web 页面进行，也可以通过电子邮件客户端软件进行。Web 页面收发电子邮件首先进入电子邮箱的 Web 页面，使用用户名和密码登录后就可收发电子邮件。

# 👆 2.2 习题及其解析

## ▌2.2.1 计算机系统组成

计算机系统一般包括（　　）。

A. 主机、输入设备、输出设备　　　　　B. 计算机硬件和应用软件

C. 计算机硬件和系统软件　　　　　　D. 硬件系统和软件系统

**参考答案**：D。

【解析】一个完整的计算机系统主要由计算机硬件系统和软件系统两大部分组成。计算机硬件系统是指组成一台计算机的各种物理装置，由各种具体的器件组成，是计算机进行工作的物质基础。计算机硬件系统由输入设备、输出设备、运算器、存储器和控制器五部分组成；软件系统主要包括系统软件和应用软件。

## ▌2.2.2 计算机硬件系统

1. 计算机的系统总线包括（　　）。

A. 数据总线、信息总线和控制总线　　　B. 地址总线、命令总线和数据总线

C. 数据总线、控制总线和地址总线　　　D. 地址总线和控制总线

**参考答案：**C。

【解析】系统总线包括三种不同功能的总线，即数据总线、控制总线和地址总线。

2. 计算机的硬件主要包括（　　）。

A. 中央处理器、存储器、输入设备和输出设备

B. 主机和输出设备

C. 中央处理器和输入/出设备

D. 中央处理器、硬盘、键盘和显示器

**参考答案：**A。

【解析】计算机的硬件主要包括中央处理器、存储器、输入设备和输出设备。主机由显示器、键盘、鼠标、电源等部分组成。

3. 下列叙述中，错误的是（　　）。

A. 中央处理器主要由运算器和控制器组成

B. 计算机系统由硬件系统和软件系统组成

C. 计算机硬件主要包括输入和输出设备

D. 运算器运算主要是算术运算和逻辑运算

**参考答案：**C。

【解析】计算机的硬件主要包括中央处理器、存储器、输入设备和输出设备。

4. 计算机的技术性能指标主要指（　　）。

A. 计算机的操作系统、应用软件　　　　B. 计算机的可靠性、可维性和可用性

C. 计算机的安全性　　　　　　　　　　D. 字长、主频、运算速度、内/外存容量

**参考答案：**D。

【解析】计算机的性能指标包括字长、时钟主频、存储容量、存取周期、运算速度等。

5. 度量计算机运算速度常用的单位是（　　）。

A. MIPS　　　　　　　B. MHz　　　　　　　C. MB/s　　　　　　　D. Mbps

**参考答案：**A。

【解析】MIPS 指的是单字长定点指令平均执行速度，即每秒处理的百万级机器语言指令数，它是衡量计算机运算速度的指标。

6. 决定计算机性能的关键部件通常是指（　　）。

A. CD-ROM　　　　　　B. 硬盘　　　　　　　C. CPU　　　　　　　D. 显示器

**参考答案：**C。

【解析】CPU 是计算机系统的核心部件，负责执行程序中的指令、处理数据，并控制计算机内部各部件协调工作。CPU 的性能直接决定了计算机的整体性能。

7. 决定计算机性能的主要因素是（　　）。

A. 所配备的系统软件的版本

B. CPU 的时钟频率、运算速度、字长和存储容量

C. 显示器的分辨率、打印机的配置

D. 硬盘容量的大小

**参考答案：**B。

【解析】计算机的性能涉及体系结构、软硬件配置、指令系统等，一般有字长、时钟主频、

存储容量、存取周期、运算速度五个技术指标。

8. 计算机能够自动、准确、快速地按照人们的意图进行运行的最基本思想是(  　 )。

A. 二进制　　　　　　 B. 采用集成电路　　 C. 程序设计语言　　 D. 存储程序控制

**参考答案:**D。

**【解析】**冯·诺依曼在 1946 年提出存储程序和程序控制,它是电子计算机能够快速、自动、准确地按照人们的意图工作的最基本思想。

9. 能直接与 CPU 交换信息的存储器是(  　 )。

A. 硬盘存储器　　　 B. CD-ROM　　　　　 C. 内存储器　　　　　 D. U 盘存储器

**参考答案:**C。

**【解析】**计算机中所有程序的运行都是在内存中进行的,CPU 能直接访问的是内存。

10. 字长指的是(  　 )。

A. CPU 一次能处理二进制数据的位数　　 B. CPU 最长的十进制整数的位数

C. CPU 最大的有效数字位数　　　　　　　 D. CPU 计算结果的有效数字长度

**参考答案:**A。

**【解析】**字长指的是 CPU 一次能并行处理的二进制位数,字长一般是 8 的倍数。

11. CPU 的指令系统是计算机硬件的语言系统,又称为(  　 )。

A. 汇编语言　　　　 B. 机器语言　　　 C. 程序设计语言　　 D. 符号语言

**参考答案:**B。

**【解析】**指令系统是计算机硬件的语言系统,也叫机器语言,指机器所具有的全部指令的集合。

12. CPU 主要的两大部件分别是运算器和(  　 )。

A. 控制器　　　　　 B. 存储器　　　　 C. Cache　　　　　　 D. RAM

**参考答案:**A。

**【解析】**CPU 的两大核心部件是运算器和控制器。

13. 计算机中,负责指挥计算机各部分自动协调一致工作的部件是(  　 )。

A. 运算器　　　　　 B. 控制器　　　　 C. 存储器　　　　　　 D. 总线

**参考答案:**B。

**【解析】**控制器的功能主要包括控制机器各个部件协调一致地工作、数据交换、输出指令,以及指挥计算机的各个部件按照指令的功能要求协调工作。

14. "32 位微机"中的 32 位指的是(  　 )。

A. 微机型号　　　　 B. 内存容量　　　 C. 存储单位　　　　　 D. 机器字长

**参考答案:**D。

**【解析】**32 位是指字长,表示微处理器一次最多能处理 32 位数据。

15. CPU 一次处理的最大信息位数称为(  　 )。

A. 主频　　　　　　 B. 存储容量　　　 C. 字长　　　　　　　 D. 存储周期

**参考答案:**C。

**【解析】**字长是 CPU 的主要技术指标之一,指的是 CPU 一次能并行处理的二进制位数。通常 PC 机的字长为 16 位、32 位、64 位。

16. CPU 的主要性能指标是(　　)。

A. 字长和时钟主频　　　　　　　　B. 容量

C. 耗电量和效率　　　　　　　　　D. 发热量和冷却效率

**参考答案**:A。

【解析】CPU 的主要技术性能指标有字长、时钟主频等。

17. 计算机的主频是指(　　)。

A. 内存读写速度,用 Hz 表示　　　B. 显示器输出速度,用 MHz 表示

C. 时钟频率,用 MHz 或 GHz 表示　D. 硬盘读写速度

**参考答案**:C。

【解析】计算机的主频是指 CPU 内核工作的时钟频率,即 CPU 在单位时间内发出的脉冲数,表现了 CPU 内数字脉冲信号振荡的速度,单位是 MHz。

18. 运算器的功能是(　　)。

A. 只能进行逻辑运算　　　　　　　B. 进行算术运算或逻辑运算

C. 只能进行算术运算　　　　　　　D. 做初等函数的计算

**参考答案**:B。

【解析】运算器的基本功能是进行逻辑运算,以及算术和逻辑移位等操作。

19. Cache 的作用是解决(　　)。

A. 内存与外存之间速度不匹配的问题　B. CPU 与外存之间速度不匹配的问题

C. CPU 与内存之间速度不匹配的问题　D. 主机与外部设备之间速度不匹配的问题

**参考答案**:C。

【解析】CPU 执行指令的速度远远高于内存的读写速度,高速缓冲存储器是为了解决 CPU 与内存之间速度不匹配的问题。

20. 用来控制、指挥和协调计算机各部件工作的是(　　)。

A. 运算器　　　　　B. 计算器　　　　　C. 控制器　　　　　D. 存储器

**参考答案**:C。

【解析】控制器是计算机的神经中枢,由它指挥全机各个部件自动、协调地工作。

21. 电源关闭后,数据会丢失的存储器是(　　)。

A. RAM　　　　　　B. ROM　　　　　　C. U 盘　　　　　　D. 硬盘

**参考答案**:A。

【解析】RAM 是随机存储器,它是与 CPU 直接交换数据的内部存储器。一旦断电,它所存储的数据将随之丢失。

22. 下列存储器中,存取速度最快的是(　　)。

A. RAM　　　　　　B. 光盘　　　　　　C. U 盘　　　　　　D. 硬盘

**参考答案**:A。

【解析】RAM 是随机存储器,属于内存,其他几个都属于外部存储器。

23. 用来存储当前正在运行的应用程序及其相应数据的存储器是(　　)。

A. RAM　　　　　　B. 硬盘　　　　　　C. ROM　　　　　　D. CD-ROM

**参考答案**:A。

【解析】RAM 是可读可写存储器,用来存储当前正在运行的应用程序及其相应数据。

**24.** 光盘"CD-RW"中"RW"指的是（　　）。

A. 只能写入一次,可以反复读的光盘　　　B. 可擦写光盘

C. 只读光盘　　　D. 数字音频光盘

**参考答案:**B。

**【解析】**CD-RW是可擦除型光盘,可以多次对其进行读/写,其中R代表读,W代表写。

**25.** 下列关于U盘的描述中,错误的是（　　）。

A. U盘接口有USB 2.0、USB 3.0、USB-C、eSATA、microUSB和miniUSB等

B. U盘重量轻、体积小、抗震防尘、性能可靠

C. 断电后U盘中的数据会全部丢失

D. U盘主要由闪存芯片和主控芯片构成

**参考答案:**C。

**【解析】**U盘性能稳定,数据传输高速高效,较强的抗震性能可使数据传输不受干扰。它属于外部存储器,断电后存储的数据不会丢失。

**26.** 下列属于硬磁盘技术指标的是（　　）。

A. 容量大小、转速　　B. 平均访问时间　　C. 传输速率　　D. 以上全部

**参考答案:**D。

**【解析】**硬盘技术指标包括容量大小、转速、平均访问时间、传输速率等。

**27.** 硬磁盘在读/写寻址过程中（　　）。

A. 盘片静止,磁头沿圆周方向旋转　　　B. 盘片旋转,磁头静止

C. 盘片旋转,磁头沿盘片径向运动　　　D. 盘片与磁头都静止不动

**参考答案:**C。

**【解析】**目前使用的硬磁盘,在其读/写寻址过程中盘片旋转,磁盘沿盘片径向运动。

**28.** 下列不是硬盘主要性能指标的是（　　）。

A. 重量　　　B. 数据传输率　　　C. 转速　　　D. 单碟容量

**参考答案:**A。

**【解析】**数据传输率是指硬盘读写数据的速度,它直接影响硬盘与计算机其他部件之间数据传输速度的快慢。数据传输率包括内部数据传输率(磁头到缓存的数据传输速率)和外部数据传输(缓存到主板的数据传输速率),是衡量硬盘性能的重要指标之一。

硬盘转速是指硬盘内电机主轴的旋转速度,单位是RPM(revolutions per minute,转/分)。转速越高,硬盘的读写速度通常也越快,如常见的5400RPM、7200RPM等,高转速可以提高数据的读写效率。

单碟容量是指硬盘单张碟片所能存储的数据量。单碟容量越大,在相同的硬盘体积下,可以容纳更多的数据,并且有助于提高硬盘的数据传输率等性能指标。

**29.** 下面关于ROM的描述,正确的是（　　）。

A. 由生产厂家预先写入　　　B. 在安装系统时写入

C. 根据用户需求不同,由用户随时写入　　　D. 由程序临时存入

**参考答案:**A。

**【解析】**ROM中的内容是由厂家制造时用特殊方法写入的,或者利用特殊的写入器才能写入。ROM中的信息一般由计算机制造厂写入并经过固化处理,用户是无法修改的。

30. 下列各存储器中,存取速度最快的一种是(　　)。

A. U 盘　　　　　　　B. 内存储器　　　　　C. 光盘　　　　　　　D. 固态硬盘

**参考答案**:B。

【解析】存储器按照存取速度排序为:寄存器＞高速缓冲存储器＞内存＞外存。B 选项是内存,其他选项都是外部存储器。

31. 操作系统对磁盘进行读/写操作的物理单位是(　　)。

A. 磁道　　　　　　　B. 字节　　　　　　　C. 扇区　　　　　　　D. 文件

**参考答案**:C。

【解析】扇区是磁盘存储信息的最小物理单位,操作系统以扇区为单位对磁盘进行读/写操作。

32. 下列关于磁道的说法中,正确的是(　　)。

A. 盘面上的磁道是一组同心圆

B. 由于每一磁道的周长不同,所以每一磁道的存储容量也不同

C. 扇道是磁盘存储信息的最小物理单位

D. 磁道从外向内依次从大到小进行编号

**参考答案**:A。

【解析】磁道周长不同,每个磁道分的扇区个数相同且字节数相同;扇区是磁盘存储信息的最小物理单位;磁道从外向内依次从小到大进行编号。

33. 下列设备组中,完全属于外部设备的一组是(　　)。

A. CD-ROM 驱动器、CPU、键盘、显示器

B. 激光打印机、键盘、CD-ROM 驱动器、鼠标器

C. 内存储器、CD-ROM 驱动器、扫描仪、显示器

D. 打印机、CPU、内存储器、硬盘

**参考答案**:B。

【解析】CPU、内存储器不是外部设备,因此本题选 B。

34. 通常打印质量最好的打印机是(　　)。

A. 针式打印机　　　B. 点阵打印机　　　C. 喷墨打印机　　　D. 激光打印机

**参考答案**:D。

【解析】打印机质量从高到低依次为激光打印机、喷墨打印机、点阵打印机、针式打印机,因此本题选 D。

35. 下列选项中,既可作为输入设备又可作为输出设备的是(　　)。

A. 扫描仪　　　　　B. 绘图仪　　　　　C. 鼠标　　　　　　D. 磁盘驱动器

**参考答案**:D。

【解析】扫描仪、鼠标属于输入设备,绘图仪属于输出设备。

36. (　　)是显示器的主要技术指标。

A. 分辨率　　　　　B. 高度　　　　　　C. 重量　　　　　　D. 耗电量

**参考答案**:A。

【解析】显示器的主要特性包括像素、点距以及分辨率。

37. UPS 是指(　　)。

A. 稳压电源　　　　B. 不间断电源　　　　C. 高能电源　　　　D. 调压电源

**参考答案**:B。

【解析】UPS(uninterruptible power supply)即不间断电源,是一种含有储能装置的不间断电源,主要用于给部分对电源稳定性要求较高的设备提供不间断的电源。

38. 下列度量单位中,用来度量计算机外部设备传输率的是(　　)。

A. MB/s　　　　B. MIPS　　　　C. GHz　　　　D. MB

**参考答案**:A。

【解析】MB/s 是传输速率,可用于度量计算机的存储速度。MIPS(million instructions per second):单字长定点指令平均执行速度,即每秒处理百万级机器语言指令数,是衡量 CPU 速度的一个指标。GHz 是 CPU 的处理频率,衡量 CPU 的处理速度。MB 指电脑存储数据的单位。

39. 显示器的参数 1024×768 表示(　　)。

A. 显示器分辨率

B. 显示器颜色指标

C. 显示器屏幕大小

D. 显示每个字符的列数和行数

**参考答案**:A。

【解析】显示器分辨率是指显示器在显示图像时的分辨率,通常用每行像素数列乘每列像素数列来表示,1024×768 表示显示器可以显示 768 行、1024 列,共可显示 786432 个像素。

40. 在微机中,I/O 设备是指(　　)。

A. 控制设备　　　　B. 输入输出设备　　　　C. 输入设备　　　　D. 输出设备

**参考答案**:B。

【解析】I/O 设备是指用于将数据进行输入(input)和输出(output)到计算机的外部设备。

41. 显示器的分辨率为 1024×768,若能同时显示 256 种颜色,则显示存储器的容量至少为(　　)。

A. 192 KB　　　　B. 384 KB　　　　C. 768 KB　　　　D. 1536 KB

**参考答案**:C。

【解析】256 种颜色需 8 位,VRAM 容量=(1024×768)×8=768 KB。

42. 显示器的分辨率一般用(　　)来表示。

A. 显示屏的尺寸

B. 显示屏上光栅的列数×行数

C. 可以显示的最大颜色数

D. 显示器的刷新速率

**参考答案**:B。

【解析】显示器分辨率是指显示器在显示图像时的分辨率,通常用每行像素数列乘每列像素数列来表示,即栅的列数×行数。

43. 下列全部属于输入设备的一组是(　　)。

A. 键盘、磁盘和打印机

B. 键盘、扫描仪和鼠标

C. 键盘、鼠标和显示器

D. 硬盘、打印机和键盘

**参考答案**:B。

【解析】键盘是常见的输入设备。磁盘是存储设备,用于存储数据和程序,不属于输入设备。打印机是输出设备。扫描仪用于将纸质文档、图片等转换为数字信号输入计算机中,属于输入设备。鼠标用于控制计算机的光标位置,进行点击、选择等操作,属于输入设备。显示器是输出设备,用于显示计算机处理后的图像、文字等信息,不属于输入设备。硬盘是存储设备,用于长期存储计算机的数据和程序,不属于输入设备。综上,答案是 B。

44. 下列全部属于硬件的是(　　)。

A. Windows、ROM 和 RAM　　　　　　B. WPS、RAM 和显示器

C. ROM、RAM 和 Office　　　　　　　　D. 硬盘、光盘和软盘

**参考答案:**D。

**【解析】**Windows 是微软公司开发的操作系统,属于软件;ROM(只读存储器)是一种半导体存储器,用于存储计算机在启动时需要的基本程序和数据,属于硬件;RAM(随机存取存储器)是计算机的主存储器,用于暂时存储正在运行的程序和数据,属于硬件;WPS 是一款办公软件,属于软件;显示器是计算机的输出设备,用于显示计算机处理后的图像、文字等信息,属于硬件;Office 是微软公司开发的一套办公软件,包括 Word、Excel、PowerPoint 等,属于软件;硬盘是计算机的外部存储设备,用于长期存储大量的数据和程序,属于硬件;光盘是一种可移动的存储介质,通过光盘驱动器进行读写操作,属于硬件;软盘也是一种可移动的存储介质,不过现在已经很少使用,属于硬件。综上,答案是 D。

## 2.2.3　计算机软件系统

1. 相比较而言,执行效率最高的是(　　)。

A. 高级语言编写的程序　　　　　　　　B. 汇编语言编写的程序

C. 机器语言编写的程序　　　　　　　　D. 面向对象的语言编写的程序

**参考答案:**C。

**【解析】**由于机器语言程序直接在计算机硬件级上执行,因此执行效率高。

2. 下列说法正确的是(　　)。

A. 解释方式执行比编译方式效率更高

B. 与汇编语言相比,高级语言程序的执行效率更高

C. 汇编语言比机器语言可读性更差

D. 以上三项都不对

**参考答案:**D。

**【解析】**翻译程序按翻译的方法分为解释方式和编译方式,但是解释方式是在程序运行中将高级语言逐句解释为机器语言,解释一句,执行一句,所以解释方式运行速度较慢。高级程序语言需要进行编译才能被执行,汇编语言依赖具体的计算机型号,相对而言,汇编语言执行效率更高。汇编语言是符号化了的二进制代码,比机器语言可读性好。

3. 下列叙述正确的是(　　)。

A. 高级语言源程序不能直接执行,但汇编语言源程序可以直接执行

B. 高级语言与 CPU 型号无关,但汇编语言与 CPU 型号相关

C. 高级程序语言编写的程序可移植性和可读性都很差

D. 高级语言程序不如汇编语言程序的移植性好

**参考答案:**B。

【解析】汇编语言是符号化了的二进制代码,与计算机的 CPU 型号有关,也需翻译成等价的机器语言程序(称为目标程序)才能被计算机直接执行。高级语言不依赖于计算机的型号,语言结构丰富,可读性好,可维护性强,可靠性高,易学易掌握,写出来的程序可移植性好,重用率高。

4. 面向对象的程序设计语言是一种(　　)。

A. 依赖于计算机的低级程序设计语言　　B. 计算机能直接执行的程序设计语言

C. 可移植性较好的高级程序设计语言　　D. 形式语言

**参考答案:**C。

【解析】面向对象的程序设计语言不依赖具体的计算机型号,是一种可移植性较好的高级程序设计语言,和其他高级语言一样,需要编译才能被执行。

5. 下列选项不属于面向对象的程序设计语言的是(　　)。

A. Java　　　　　　B. C　　　　　　C. C++　　　　　　D. VB

**参考答案:**B。

【解析】C 语言是面向过程的高级程序设计语言。

6. 将目标程序(.obj)转换成可执行文件(.exe)的程序称为(　　)。

A. 编辑程序　　B. 编译程序　　C. 链接程序　　D. 汇编程序

**参考答案:**C。

【解析】将某一种程序设计语言写的程序翻译成等价的另一种语言程序的程序称为编译程序,将目标程序转换成可执行文件的程序称为链接程序,将汇编源程序翻译成目标程序的程序称为汇编程序。

7. 把用高级程序设计语言编写的程序转换成等价的可执行程序,通常经过(　　)。

A. 汇编和解释　　B. 编辑和链接　　C. 编译和链接　　D. 解释和编译

**参考答案:**C。

【解析】将源程序翻译成等价的另一种语言程序的程序称为编译程序,将目标程序转换成可执行文件的程序称为链接程序,将汇编源程序翻译成目标程序的程序称为汇编程序。解释程序是高级语言翻译程序的一种,它将源语言书写的源程序作为输入,解释成机器认识的二进制代码,解释一句后就提交计算机执行一句,并不形成目标程序。

8. 计算机软件是(　　)。

A. 计算机程序、数据与相应文档的总称

B. 系统软件与应用软件的总和

C. 操作系统、数据库管理软件与应用软件的总和

D. 各类应用软件的总称

**参考答案:**A。

【解析】计算机软件的含义:①运行时,能够提供所要求功能和性能的指令或计算机程序集合;②程序能够满意地处理信息的数据结构;③描述程序功能需求以及程序如何操作和使用所要求的文档。

9. 计算机指令通常由(　　)两部分组成。

A. 运算符和运算数　　B. 操作数和结果　　C. 操作码和操作数　　D. 数据和字符

**参考答案:**C。

【解析】计算机指令通常由操作码和操作数两部分组成。操作码指明该指令要完成的操作的类型或性质,如取数、做加法或输出数据等;操作数指明操作码执行时的操作对象。操作数的形式可以是数据本身,也可以是存放数据的内存单元地址或寄存器名称。

10. 下列软件中,全部属于系统软件的是( )。

A. 手机 QQ、航天信息系统、微信、PowerPoint 2016

B. Office 2016、Skype、

C. Windows 7、Android、Harmony OS、Unix、Linux

D. 决策支持系统、视频播放系统、管理信息系统

参考答案:C。

【解析】系统软件是指控制和协调计算机及外部设备,支持应用软件开发和运行的系统,主要功能是调度、监控和维护计算机系统;负责管理计算机系统中各种独立的硬件,使得它们可以协调工作。C 选项都是系统软件,其他选项皆为应用软件。

11. 计算机系统软件中,最基本、最核心的软件是( )。

A. 操作系统          B. 数据库管理系统

C. 程序语言处理系统      D. 系统维护工具

参考答案:A。

【解析】系统软件的核心是操作系统,它的主要功能是调度、监控和维护计算机系统;负责管理计算机系统中各种独立的硬件,使得它们可以协调工作。

12. 下列各组软件中,全部属于应用软件的是( )。

A. 音频播放系统、语言编译系统、数据库管理系统

B. 文字处理程序、军事指挥程序、Unix

C. 导弹飞行系统、军事信息系统、航天信息系统

D. Word 2010、Photoshop、Windows 7

参考答案:C。

【解析】应用软件是为解决实际应用问题而开发的软件的总称。它涉及计算机应用的所有领域,各种科学和计算的软件和软件包、各种管理软件、各种辅助设计软件和过程控制软件都属于应用软件范畴。

## 2.2.4　操作系统

1. 计算机操作系统的主要功能是( )。

A. CPU 管理、显示器管理、键盘管理、打印机管理和鼠标器管理

B. 硬盘管理、U 盘管理、CPU 管理、显示器管理和键盘管理

C. 处理机管理、存储管理、文件管理、设备管理和作业管理

D. 启动、打印、显示、文件存取和关机

参考答案:C。

【解析】操作系统通常应包括下列五大功能模块:①处理机管理。当多个程序同时运行时,解决处理器时间的分配问题。②作业管理。完成某个独立任务的程序及其所需的数据组成一个作业。作业管理的任务主要是为用户提供一个使用计算机的界面,使其方便地运

行自己的作业,并对所有进入系统的作业进行调度和控制,尽可能高效地利用整个系统的资源。③存储管理。存储管理主要是指针对内存储器的管理。主要任务是分配内存空间,保证各作业占用的存储空间不发生矛盾,并使各作业在自己所属存储区中不互相干扰。④设备管理。根据用户提出使用设备的请求进行设备分配,同时还能接收设备的请求(称为中断),如要求输入信息。⑤文件管理。主要负责文件的存储、检索、更新、保护和共享。

2. 操作系统中的文件管理系统为用户提供的功能是(　　)。

A. 按文件作者存取文件　　　　　　B. 按文件名管理文件

C. 按文件创建日期存取文件　　　　D. 按文件大小存取文件

**参考答案**:B。

【解析】文件管理系统主要负责文件的存储、检索、共享和保护,为用户提供文件操作的方便,用户通过文件名访问文件。

3. 操作系统将CPU的时间资源划分成极短的时间片,轮流分配给各终端用户,使终端用户单独分享CPU的时间片,这种操作系统称为(　　)。

A. 实时操作系统　　B. 批处理操作系统　　C. 分时操作系统　　D. 分布式操作系统

**参考答案**:C。

【解析】分时操作系统是使一台计算机采用时间片轮转的方式同时为几个、几十个甚至几百个用户服务的一种操作系统。它将系统处理机时间与内存空间按一定的时间间隔,轮流地切换给各终端用户的程序使用。由于时间间隔很短,每个用户的感觉就像他独占计算机一样。分时操作系统的特点是可有效增加资源的使用率。

4. 操作系统是(　　)。

A. 主机与外设的接口　　　　　　　B. 用户与计算机的接口

C. 系统软件与应用软件的接口　　　D. 高级语言与汇编语言的接口

**参考答案**:B。

【解析】操作系统是人与计算机之间的接口,是计算机的灵魂。

5. 操作系统的作用是(　　)。

A. 使用户操作规范　　　　　　　　B. 管理计算机硬件系统

C. 管理计算机软件系统　　　　　　D. 管理计算机系统的所有资源

**参考答案**:D。

【解析】操作系统是计算机系统中最重要、最基本的系统软件,位于硬件和用户之间。一方面,它能向用户提供接口,方便用户使用计算机;另一方面,它能管理计算机软硬件资源,以便合理充分地利用它们。

6. 操作系统管理用户数据的单位是(　　)。

A. 扇区　　　　　　B. 文件　　　　　　C. 磁道　　　　　　D. 文件夹

**参考答案**:B。

【解析】文件是计算机操作系统进行组织和管理的最基本单位。

7. 按操作系统的分类,UNIX操作系统是(　　)。

A. 批处理操作系统　　B. 实时操作系统　　C. 分时操作系统　　D. 单用户操作系统

**参考答案**:C。

【解析】分时系统可以实现用户的人机交互需要,多个用户共同使用一个主机,很大程度上节约了资源成本。分时系统具有多路性、独立性、交互性、及时性的优点,能够实现用户-系统-终端任务。UNIX 操作系统是一个强大的多用户、多任务操作系统,支持多种处理器架构,按照操作系统的分类,属于分时操作系统。

8. 下列关于进程和线程的描述,正确的是( )。

A. 进程是一段程序　　　　　　　　　　B. 进程是一段程序的执行过程

C. 线程是一段子程序　　　　　　　　　　D. 线程是多个进程的执行过程

**参考答案**:B。

**【解析】**进程是程序的一次执行过程,是系统进行资源分配和调度的一个独立单位。一个程序执行多次,系统就创建多个进程。线程是操作系统能够进行运算调度的最小单位。它被包含在进程之中,是进程中的实际运作单位。一个线程指的是进程中一个单一顺序的控制流,一个进程中可以并发多个线程,每个线程并行执行不同的任务。

9. 多任务操作系统的最基本特征是( )。

A. 并发和共享　　B. 共享和虚拟　　C. 虚拟和异步　　D. 异步和并发

**参考答案**:A。

**【解析】**计算机操作系统的基本特征有并发性、共享性、虚拟性和异步性。共享和并发是操作系统的两个最基本特征。

10. 下列关于进程的说法,正确的是( )。

A. 一个进程会伴随着其程序执行的结束而消亡

B. 一段程序会伴随着其进程的结束而消亡

C. 任何进程在执行未结束时都不允许被强行终止

D. 任何进程在执行未结束时都可以被强行终止

**参考答案**:A。

**【解析】**进程是系统进行调度和资源分配的一个独立单元,一个程序被加载到内存,系统就创建了一个进程,或者说进程是一个程序与其数据一起在计算机上顺利执行时所发生的活动。程序执行结束,则对应的进程随之消亡。

## 2.2.5 Windows 7 操作系统

1. Windows 7 系统是( )。

A. 多用户多任务操作系统　　　　　　　　B. 单用户多任务操作系统

C. 实时操作系统　　　　　　　　　　　　D. 单用户分时操作系统

**参考答案**:B。

**【解析】**Windows 7 是一种单用户多任务操作系统,它允许用户在同一个操作系统环境中同时运行多个应用程序,实现了多任务处理。但 Windows 7 在任意时刻只允许一个用户登录并使用系统资源。它既不属于实时操作系统,也不属于分时操作系统。

2. 在 Windows 7 中,如果出现应用程序在运行过程中"死机"的现象,为保证系统不受损害,正确的操作是( )。

A. 打开"开始"菜单,选择"关闭"系统　　　　B. 按 Reset 键

C. 按 Ctrl+Break 组合键　　　　　　　　D. 按 Ctrl+Delete+Alt 组合键

**参考答案:**D。

【解析】按组合键 Ctrl＋Alt＋Delete 可以打开一个安全窗口,供用户选择"注销"/"锁定"/"任务管理器"等功能。

3. 在 Windows 7 中,下列对文档文件的描述,正确的是(    )。

A. 只包括文本文件

B. 只包括 Word 文档

C. 包括文本文件和图形文件

D. 包括文本文件、图形文件、声音文件和视频文件等

**参考答案:**D。

【解析】在 Windows 7 系统中,文档文件的定义和组成包含多种文件类型,这些文件类型主要用于存储和传输信息。它包括文本文件、Word 文档、图形文件和声音文件。文本文件通常是简单的文字信息存储,而 Word 文档是一种更为复杂的文档格式,常用于办公自动化。图形文件用于存储图像信息,而声音文件用于存储音频数据。这些文件类型都是 Windows 7 系统中文档文件的重要组成部分。

4. 在 Windows 7 中,按 PrintScreen 键,使整个桌面上的内容(    )。

A. 打印到打印纸上               B. 打印到指定文件上

C. 复制到指定文件上             D. 复制到剪贴板上

**参考答案:**D。

【解析】PrintScreen 键是截屏键,是指截取屏幕的按键,它将屏幕的内容复制到剪贴板上。

5. 在 Windows 7 的回收站中,可以恢复(    )。

A. 从硬盘中删除的文件或文件夹      B. 从软盘中删除的文件或文件夹

C. 剪切掉的文档                  D. 从光盘中删除的文件或文件夹

**参考答案:**A。

【解析】软盘中删除属于彻底删除,不会放在回收站。光盘文件删除属于擦除,也不放在回收站。剪切掉的文档实际上是被暂时保存在剪切板中,等待被粘贴到新的位置,并未放在回收站。

6. 在 Windows 7 环境下,下列关于任务栏的叙述,错误的是(    )。

A. 位置可以改变

B. 大小可以改变

C. 任务栏上只显示当前活动窗口名

D. 通过任务栏上的按钮,可以实现窗口的切换

**参考答案:**D。

【解析】任务栏的位置是可以通过拖动来改变的,也可以调整大小。通过任务栏上的窗口按钮可以方便地在打开的不同窗口之间进行切换,任务栏上不仅显示当前活动窗口名,还会显示其他非活动窗口的按钮等信息,故选项 C 错误。

7. 文件的扩展名通常表示文件的(    )。

A. 大小          B. 日期          C. 版本          D. 类型

**参考答案:**D。

【解析】文件的扩展名是文件名中的最后一部分,通常由点号分隔,用于标识文件的类型

和格式。扩展名告诉操作系统哪个程序可以打开该文件,以及如何显示该文件的图标。

8. 在 Windows 7 环境下,在搜索框中输入"C?E. ＊",可搜索到的文件是(　　)。

　　A. CASE. DOC　　　　B. CADE. AVI　　　　C. ACE. TXT　　　　D. CAE. TXT

**参考答案:**D。

【解析】Windows 7 中搜索通配符有"＊"和"?",其中"＊"代表任意个字符,"?"代表一个字符,输入"C?E"能搜到以字母 C 开头,最后一个字母是 E 且文件名长度为 3 的文件。

9. 在 Windows 7 环境下,下列关于快捷方式的叙述,正确的是(　　)。

　　A. 删除快捷方式后其对应的应用程序一起被删除

　　B. 只能为文件创建快捷方式图标

　　C. 快捷方式的图标可以更改

　　D. 无法在桌面上创建打印机的快捷方式

**参考答案:**C。

【解析】选项 A 不对,执行删除某程序的快捷方式只是删除了图标,而相关程序并未被删除。选项 B 不对,文件夹也能创建快捷方式。选项 D 不对,打印机可以在桌面添加快捷方式。快捷方式图标可以通过单击右键,在弹出的属性窗口中修改。

10. 下列关于回收站的说法,正确的是(　　)。

　　A. 回收站是内存中的一块存储区域

　　B. 回收站无法保存硬盘中被删除的文件

　　C. 重启计算机后回收站被清空

　　D. 回收站无法保存 U 盘中被删除的文件

**参考答案:**D。

【解析】选项 A、C 不对,回收站属于硬盘,它重启后不会被清空。选项 B 不对,硬盘中的文件被删除后放在回收站中。U 盘中的文件被删除后不会放在回收站中,故 D 正确。

11. 下列关于剪贴板的说法,正确的是(　　)。

　　A. 剪贴板是硬盘中的一块存储区域

　　B. 按 PrintScreen 键后,剪贴板中存放的是当前活动窗口画面

　　C. 重启计算机后,剪贴板中的内容仍然存在

　　D. 用户可以通过剪贴板在各应用程序间交换数据

**参考答案:**D。

【解析】选项 A、C 不对,剪贴板属于内存的区域,重启后数据会丢失。选项 B 不对,按 PrintScreen 键是复制桌面的内容,不是当前活动的窗口内容。

12. 在 Windows 7 环境下,(　　)可以将磁盘上零散的闲置空间组织成连续的可用空间。

　　A. 磁盘管理　　　　B. 磁盘扫描程序　　　　C. 磁盘碎片整理　　　　D. 磁盘清理

**参考答案:**C。

【解析】在 Windows 7 环境下,磁盘碎片整理将磁盘上零散的闲置空间组织成连续的可用空间。磁盘管理主要执行一些基本的磁盘操作,如创建、删除、格式化分区,以及调整分区大小等。磁盘扫描程序是一个用于检查和修复硬盘错误的工具,它可以帮助用户发现和解决文件系统错误、坏扇区等问题,以确保系统的稳定运行和数据的安全。磁盘清理用于腾出更多的磁盘空间,可以选择"临时文件"、下载的程序文件、"废弃的程序安装包"等进行删除。

13. 在 Windows 7 中,使用软键盘可以快速地输入各种特殊符号。为了撤销弹出的软键盘,正确的操作为(    )。

　　A. 用鼠标左键单击软键盘上的 Esc 键

　　B. 用鼠标右键单击软键盘上的 Esc 键

　　C. 用鼠标右键单击中文输入法状态窗口中的"开启/关闭软键盘"按钮

　　D. 用鼠标左键单击中文输入法状态窗口中的"开启/关闭软键盘"按钮

**参考答案:** A。

**【解析】** Windows 7 中使用鼠标左键单击软键盘上的 Esc 键可以立即关闭软键盘,这是最直接的方法。

14. 对于 Windows 7,下列叙述正确的是(    )。

　　A. Windows 7 的操作只能用鼠标

　　B. Windows 7 为每个任务自动建立一个显示窗口,其位置和大小不能移动

　　C. 在不同的磁盘间不能用鼠标拖动文件名的方法实现文件的移动

　　D. Windows 7 打开的多个窗口,既可平铺也可层叠

**参考答案:** D。

**【解析】** 选项 A 不对,Windows 7 的操作也能通过键盘。选项 B 不对,显示窗口大小、位置都可以调整。选项 C 不对,鼠标拖动可以实现文件的复制、移动等操作。

15. 在 Windows 7 中,维护系统文件的工具是(    )。

　　A. 资源管理器　　　B. 系统文件检查器　　C. 磁盘扫描　　　　D. 磁盘碎片整理

**参考答案:** B。

**【解析】** 系统文件检查器用于验证系统文件的完整性并修复损坏的系统文件,可以解决绝大多数由系统文件损坏造成的故障,如蓝屏、经常性死机、无法开机。

16. 在 Windows 7 中,下列合法的文件名是(    )。

　　A. A * B. docx　　　B. A1?. docx　　　C. A1/B1. docx　　　D. B1A. docx

**参考答案:** D。

**【解析】** Windows 7 中文件、文件夹的命名规则:文件或者文件夹名称不得超过 255 个字符;文件名除开头之外任何地方都可以使用空格;文件名中不能有"?"、"、"/""\""*""<"">""|"符号。选项 A、B、C 都不符合命名规则。

17. 一个应用程序长时间没响应,则按(    )键可弹出任务管理器来结束该程序。

　　A. Ctrl＋Alt＋Delete　　　　　　　　B. Ctrl＋Alt＋Esc

　　C. Ctrl＋F4　　　　　　　　　　　　D. 关机

**参考答案:** A。

**【解析】** Windows 7 操作系统中,同时按下 Ctrl＋Alt＋Delete 组合键的主要功能是打开一个包含锁定计算机、切换用户、启动任务管理器等的页面。这个操作允许用户进行一系列的系统操作,包括但不限于结束不响应的程序、查看系统进程、切换用户账户或锁定计算机等。

18. 在 Windows 中,剪贴板是(    )中一块存放各应用程序间交换和共享数据的区域。

　　A. ROM　　　　　　B. 内存　　　　　　C. U 盘　　　　　　D. 硬盘

**参考答案:** B。

**【解析】** U 盘和硬盘属于外存,ROM 是只读存储器,剪贴板是占用内存的一部分区域。

19. 在 Windows 环境下,断电或退出 Windows 后,(　　)中的内容不会丢失。

A. 剪贴板　　　　　　B. 内存　　　　　　C. 回收站　　　　　　D. RAM

**参考答案:**C。

【解析】断电后内存的数据会丢失,外存则不会。剪贴板是占用内存的空间,选项 B 和 D 都是内存,回收站是硬盘的一块区域,故选 C。

20. 在 Windows 7 中,要选中不连续的文件或文件夹,先单击第一个,然后按住(　　)键,用鼠标左击要选择的各个文件或文件夹。

A. Alt　　　　　　　B. Shift　　　　　　C. Ctrl　　　　　　D. Esc

**参考答案:**C。

【解析】Windows 7 中选择不连续的文件或文件夹通过 Ctrl 键来实现,Shift 键则是选择连续的文件或文件夹。选项 A 和 D 与选择的连续性无关。

21. Windows 7 支持长文件名,一个文件名的最大长度可达(　　)个字符。

A. 128　　　　　　　B. 225　　　　　　　C. 255　　　　　　　D. 256

**参考答案:**C。

【解析】Windows 7 中允许文件或者文件夹名称不得超过 255 个字符。

22. 在 Windows 7 中,下列操作(　　)删除的文件或文件夹不能被恢复。

A. 按 Delete 键

B. 用鼠标左键直接将它们拖动到桌面上的"回收站"图标中

C. 按 Shift＋Delete 组合键

D. 用"文件"菜单中的"删除"命令

**参考答案:**C。

【解析】选项 A、B、D 的删除方式都是将删除的内容置于回收站中,删除的内容可以被恢复。选项 C 是彻底删除,没有将删除的内容放在回收站中,故删除的内容不能被恢复。

23. 在 Windows 7 中,按住(　　)键配合鼠标可以在"资源管理器"中选择连续的文件或文件夹。

A. Shift　　　　　　B. Ctrl　　　　　　C. Alt　　　　　　D. Tab

**参考答案:**A。

【解析】Windows 7 中选择连续的文件或文件夹通过 Shift 键来实现,Ctrl 键则是选择不连续的文件或文件夹。选项 C 和 D 与选择的连续性无关。

# 第3章　多媒体应用技术简介

## 3.1　本章要点

### 知识点1：媒体与多媒体的基本概念

**1. 媒体的概念**

媒体(media)是信息的表示形式或传播的载体。在计算机领域，用来表示信息的文本、图形、图像、声音和动画都可称为媒体。媒体有两种含义，即存储信息的实体和表示信息的载体，如数值、文字、图形、图像、声音、动画等都可以作为信息的载体。

**2. 多媒体的概念**

多媒体(multimedia)是多种媒体的综合，其实质是将以不同形式存在的各种媒体信息数字化，然后用计算机对它们进行组织、加工，并以友好的形式提供给用户使用。多媒体的使用不仅是被动接受，而且能主动与系统交互。

### 知识点2：多媒体的关键特征

多媒体的关键特性包括多样性、集成性、交互性、实时性、非线性等。

**1. 多样性**

多媒体包含多种类型的信息，如文字、图形、图像、声音、动画、视频等。多样性体现在数据量大、数据类型多。

**2. 集成性**

多媒体能够综合处理多种不同类型的信息，并将其有机地结合在一起。多媒体以计算机为中心，集成文字、声音、图形、动画、图像、视频等多种信息。

**3. 交互性**

用户可以按照自己的意愿主动选择和接受信息，控制信息的呈现方式，拟定观看内容的路径，并向用户提供更加有效的控制和使用信息的手段。

**4. 实时性**

在多媒体系统中，音频和视频等媒体需要实时处理和播放。

**5. 非线性**

多媒体信息结构形式是非线性的网状结构。多媒体信息的展示方式更加灵活多变，不同于传统的线性展示方式。

## 知识点 3：多媒体数据特点与存储形式

多媒体数据的特点是数据量大，数据类型多，数据类型间区别大，输入和输出复杂。在计算机中，多媒体信息都是以数字信号形式存储的。

## 知识点 4：多媒体技术的定义及特点

### 1. 多媒体技术的定义

多媒体技术是利用计算机综合处理文字、声音、图像、图形等的一种新技术，这里的处理是指多媒体的获取、数字化、压缩编码、编辑、加工处理、存储等。它在教育、商业、宣传、娱乐、电子出版和仿真等领域得到了广泛应用。

### 2. 多媒体技术的特点

多媒体技术需对各种信息媒体数字化，包括文本、声音、图像、视频等。多媒体技术需要对多种媒体信息进行集成，涉及信息的多样化和信息载体的多样化。多媒体技术发展的基础是数字化技术和计算机技术的结合。

## 知识点 5：声音和声波的基本概念

声音由振动而产生，通过空气进行传播。声音是一种波，它由许多不同频率的谐波所组成。谐波的频率范围称为声音的带宽，带宽是声音的一项重要参数。多媒体技术处理的声音主要是人耳可听到的 20 Hz～20 kHz 的音频信号。声波是一种模拟信号，为了使用计算机进行处理，必须将它转换成数字编码的形式，称为音频数字化。

## 知识点 6：音频数字化及声音的存储容量

### 1. 音频数字化

音频信号数字化的过程为采样、量化和编码。

采样是把时间连续的模拟信号转换为在时间上离散、幅度上连续的模拟信号的过程。这是将模拟声音信号转换成数字信号的第一个步骤。采样意味着将连续的声音信号在时间上进行离散化处理，即每隔相等的一段时间在声音信号波形曲线上采集一个信号样本（声音的幅度）。采样频率指的是计算机每秒钟采集的声音样本数。

量化是将采样后的信号按整个声波的幅值划分为若干个区段，把落入某区段的样值归为一类，并赋予相同的量化值。这个过程类似于四舍五入，将采样得到的声音信号幅度转换成相应的数字值，把每一个值归入预先编排的最近的量化级上，并赋予相同的量化值。

编码是为了便于计算机的存储、处理和传输，将采样和量化处理后的声音信号，按照一定的要求进行数据压缩和编码。

对音频信号进行数字化的过程中,采样频率越高、量化位数越多,声音文件的数据量就越大,声音质量也越高。实现音频信号数字化最核心的硬件电路是 A/D 转换器(模拟/数字转换器),它能实现模拟信号到数字信号的转换。

**2. 声音的存储量**

声音的存储量(以字节 Byte 为单位):存储量＝采样频率(Hz)×量化位数/8×声道数×时间(s)。

## 知识点 7:音频的获取方式和常见的音频文件格式

获取音频通常需要借助声卡、麦克风等硬件设备以及录音软件,如 Windows 的录音机、Goldware、Sound Forge 等。常见的音频文件格式有 WAV、MP3、MIDI、WMA 等,波形文件的格式主要是 WAV。

## 知识点 8:数字图像基础知识

**1. 数字图像的分类**

计算机的数字图像按其生成方法可以分成两类:一类是从现实世界中通过扫描仪、数码相机等设备获取的图像,称为取样图像、点阵图像或位图图像,以下简称图像;另一类是使用计算机合成制作的图像,称为矢量图形,或简称图形。

位图和矢量图的区别如下:

(1)构成位图图像的最基本单位是像素,通常位图称为图像,而矢量图称为图形。一般位图存储容量较大,矢量图存储容量较小,但位图缩放效果没有矢量图的缩放效果好,位图和矢量图存储方法不一样。

(2)位图图像的分辨率是固定的,它以像素点的形式来描述图像,保存每个像素的颜色值;而矢量图形放大后不会产生失真,它以指令的形式来描述图像。

**2. 数字图像的获取**

从现实世界中获得数字图像的过程称为图像的获取。图像获取的过程实质上是模拟信号的数字化过程,它的处理步骤大体分为四步。

(1)扫描。将画面划分为 $M \times N$ 个网格,每个网格称为一个取样点。这样,一幅模拟图像就转换为 $M \times N$ 个取样点组成的一个阵列。

(2)分色。将彩色图像取样点的颜色分解成三个基色(如 R、G、B 三基色),如果不是彩色图像(即灰度图像或黑白图像),则不必进行分色。

(3)取样。测量每个取样点每个分量的亮度值。

(4)量化。对取样点每个分量的亮度值进行 A/D 转换,即把模拟量使用数字量(一般是 8～12 位的正整数)来表示。

通过上述方法所获取的数字图像称为取样图像,它是静止图像的数字化表示形式,通常称为"图像"。

**3. 图像的存储容量**

一幅图像的存储容量(以字节 Byte 为单位):图像的存储容量＝图像水平分辨率×图像

垂直分辨率×像素深度/8。

例如,一台数码相机一次可以连续拍摄 65536 色 1024×1024 彩色相片 40 张,如不进行数据压缩,则它使用的 Flash 存储器容量是多大?

由 65536 色得出其像素深度为 16,因为 $2^{16}=65536$,所以一张照片的大小为:

1024×1024×16/8=1024×1024×2 B=1024×2 KB=2 MB

故 40 张照片需要的容量为:2 MB×40=80 MB。

为了节省存储数字图像所需要的存储器容量,大幅度压缩图像的数据量是非常重要的。数据压缩可分成无损压缩和有损压缩。

**4. 数码相机照片的处理与分辨率**

数码相机里的照片用计算机软件进行处理属于图像处理。数码相机像素＝能拍摄的最大照片的长边像素×宽边像素值。800 万像素的数码相机,拍摄照片的最高分辨率大约是 3200×2400。

**5. 常用图像文件格式**

常用图像文件格式有 BMP(无损)、TIF(无损)、GIF(无损)、JPEG(有损)、PSD,其中 JPEG 是一个用于数字信号压缩的国际标准,其压缩对象是静态图像。

## 知识点 9:动画制作与动画格式的特点

动画制作:动画一般通过专用绘图软件完成。

动画格式文件的特点:GIF 与 SWF 两种格式都是可以在网页上播放的动画格式文件,SWF 具有交互功能,支持多种视频、声音格式,但 GIF 不具有交互功能。SWF 可以边下载边播放。GIF 可以是动画图像或静态图像,颜色最多 256 种,不是真彩色。

## 知识点 10:视频处理基础

**1. 视频信息的基本单位**

视频信息的最小单位是帧。

**2. 声音与视频信息在计算机内的表现形式**

声音与视频信息在计算机内的表现形式是二进制数字。声音与视频是模拟信号,需经过数字化变为计算机能识别处理的数字信号。计算机内部指令和数据都用二进制表示,所以声音与视频信息在计算机系统中也以二进制表示。

**3. 视频制式**

国际上流行的视频制式有 PAL 制、NTSC 制、SECAM 制。

**4. 常见的视频文件格式**

常见的视频文件格式有 AVI、MPEG、RM/RMVB、WMV、MOV、3GP、FLV/F4V、MKV、WebM 等,各有特点和适用场景。

### ▊知识点 11：多媒体数据压缩技术

**1. 数据压缩方法分类**

数据压缩方法分为无损压缩和有损压缩。

无损压缩是将相同或相似的数据或数据特征归类，用较少数据量描述原始数据，如常见的对某些类型数据的压缩。

有损压缩是有针对性地简化不重要的数据以减少总的数据量。

**2. 衡量数据压缩技术性能的指标**

衡量数据压缩技术性能的重要指标有压缩比、算法复杂度、恢复效果。压缩比是指数据被压缩的比例。算法复杂度影响数据压缩速度。好的压缩算法要简单，恢复效果要好，要尽可能完全恢复原始数据。

**3. 无损压缩编码**

无损压缩常用的编码方法包括霍夫曼编码、算术编码、行程编码等，音频信号的无损压缩编码是熵编码。

**4. 预测编码**

预测编码不是只能针对空间冗余进行压缩的方法，它是根据某一模型进行的，需将预测的误差进行存储或传输。典型的压缩方法有 DPCM、ADPCM。

**5. 图像压缩编码标准**

目前，多媒体计算机中对静态图像数据压缩采用 JPEG，对动态图像数据压缩通常采用 MPEG。

**6. 图像、文件压缩类型**

图形图像可以采用有损压缩，文本文件不可以采用有损压缩。

**7. 视频质量、数据量、压缩比的关系**

视频质量、数据量、压缩比之间的关系为视频质量越高，数据量越大，但随着压缩比的增大，解压后视频质量开始下降。压缩比越大，数据量越小，数据量与压缩比是一对矛盾体。

### ▊知识点 12：多媒体应用系统

**1. 多媒体集成软件类型**

多媒体集成工具可大致分为三种类型：基于图标的工具、基于页面的工具、基于时间的工具。基于图标的多媒体集成软件如 Authorware，它采用图标流程线为设计环境，方便非专业编程人员编制交互式多媒体程序。基于页面的多媒体集成工具常见的有一些网页制作软件，如 Adobe Dreamweaver 等。基于时间的多媒体集成软件有 Director。

**2. 多媒体创作工具类型**

多媒体创作工具主要有基于描述语言或描述符号的创作工具、基于流程图的创作工具、基于时间序列的创作工具。

## 3.2　习题及其解析

### 3.2.1　多媒体概述

1. 多媒体的关键特性主要包括(　　)。

A. 多样性　　　　　　B. 交互性　　　　　　C. 集成性　　　　　　D. 以上都是

**参考答案:**D。

【解析】多媒体的关键特性包括多样性(信息表现形式多样)、交互性(用户与信息的互动)、集成性(多种媒体信息的综合处理)、实时性(对信息的及时处理和呈现)。

2. 将向用户提供更加有效的控制和使用信息的手段是指多媒体的(　　)特性。

A. 信息载体的多样性　　　　　　　　B. 交互性

C. 实时性　　　　　　　　　　　　　D. 集成性

**参考答案:**B。

【解析】多媒体的交互性是指人们可以按照自己的思维习惯,按照自己的意愿主动地选择和接受信息,拟定观看内容的路径。

3. 以计算机为中心综合处理多种媒体信息是指多媒体的(　　)特性。

A. 信息载体的多样性　　　　　　　　B. 交互性

C. 实时性　　　　　　　　　　　　　D. 集成性

**参考答案:**D。

【解析】多媒体的集成性是指综合处理文字、声音、图形、动画、图像、视频等多种信息,并将这些不同类型的信息有机地结合在一起。

4. 媒体有两种含义,即表示信息的载体和(　　)。

A. 表达信息的实体　　　　　　　　　B. 存储信息的实体

C. 传输信息的实体　　　　　　　　　D. 显示信息的实体

**参考答案:**B。

【解析】媒体一方面是存储信息的实体,如硬盘、光盘等;另一方面是表示信息的载体,如文字、图像等。

5. 多媒体数据具有(　　)的特点。

A. 数据量大和数据类型多

B. 数据类型间区别大和数据类型少

C. 数据量大、数据类型多、数据类型间区别小、输入和输出不复杂

D. 数据量大、数据类型多、数据类型间区别大、输入和输出复杂

**参考答案:**D。

【解析】多媒体数据量大是因为包含多种类型的媒体信息;数据类型多,如音频、视频、图像等;不同类型间区别大,处理方式各异;输入和输出复杂,需要不同的设备和技术。

6. 以下选项中,属于信息的载体的是(　　)。

A. 数值和文字　　　B. 图形和图像　　　C. 声音和动画　　　D. 以上全部

**参考答案:**D。

【解析】数值、文字、图形、图像、声音、动画等都可以作为信息的载体,传递和表达不同的信息。

7. 多媒体信息不包括(　　)。

A. 音频、视频　　　B. 动画、图像　　　C. 声卡、光盘　　　D. 文字、图像

**参考答案:**C。

【解析】多媒体信息包括音频、视频、动画、图像、文字等,而声卡、光盘是存储和处理多媒体信息的硬件设备,不属于多媒体信息本身。

8. 下列叙述中,错误的是(　　)。

A. 媒体是指信息表示和传播的载体,它向人们传递各种信息

B. 多媒体计算机系统就是有声卡的计算机系统

C. 多媒体技术是指用计算机技术把多媒体综合一体化,并进行加工处理的技术

D. 多媒体技术要求各种媒体都必须数字化

**参考答案:**B。

【解析】多媒体计算机系统不仅仅是有声卡的计算机系统,其还包括多种硬件设备和软件系统,用于处理多种媒体信息。多媒体技术是将多媒体综合一体化并进行加工处理的技术,且要求各种媒体都必须数字化,以便计算机进行处理。

9. 下列关于多媒体技术主要特征的描述,正确的是(　　)。

①多媒体技术需对各种信息媒体数字化

②多媒体技术需对文本、声音、图像、视频等媒体进行集成

③多媒体技术涉及信息的多样化和信息载体的多样化

④交互性是多媒体技术的关键特征

⑤多媒体的信息结构形式是非线性的网状结构

A. ①②③⑤　　　B. ①④⑤　　　C. ①②③　　　D. ①②③④⑤

**参考答案:**D。

【解析】多媒体技术需对各种信息媒体数字化,以便计算机处理;对文本、声音、图像、视频等进行集成,体现信息的多样化和载体的多样化;交互性是关键特征,用户可与多媒体内容互动;信息结构形式是非线性网状结构,方便用户选择不同路径浏览信息。

10. 在计算机中,多媒体信息都是以(　　)形式存储的。

A. 数字信号　　　B. 模拟信号　　　C. 连续信号　　　D. 文字

**参考答案:**A。

【解析】计算机只能处理数字信号,所以多媒体信息在计算机中以数字信号形式存储。

11. 多媒体技术发展的基础是(　　)。

A. 数字化技术和计算机技术的结合　　　B. 数据库与操作系统的结合

C. CPU 的发展　　　D. 通信技术的发展

**参考答案:**A。

【解析】多媒体技术发展的基础是数字化技术和计算机技术的结合,数字化技术将各种媒体信息转化为数字形式,计算机技术则提供处理、存储和传输这些数字信息的能力。

## 3.2.2　声音处理基础

1. 以.wav 为扩展名的文件通常是(　　)。

A. 文本文件　　　　B. 音频信号文件　　　C. 图像文件　　　　D. 视频信号文件

**参考答案**:B。

【解析】选项 A,文本文件是以.txt 为扩展名的文件;选项 B,常见的音频信号文件扩展名有.wav、.mp3、.wma、.vqf、.avi、.mov、.wmv 等;选项 C,图像文件扩展名有.jpg;选项 D,常见的视频信号文件扩展名有.avi 等。因此本题选 B。

2. 目前有许多不同的音频文件格式,下列(　　)不是数字音频的文件格式。

A. WAV　　　　　B. GIF　　　　　C. MP3　　　　　D. MIDI

**参考答案**:B。

【解析】WAV、MP3、MIDI 属于音频格式文件,而 GIF 属于图像文件。

3. 下列声音文件格式中,(　　)是波形文件格式。

A. WAV　　　　　B. MP3　　　　　C. WMA　　　　　D. MIDI

**参考答案**:A。

【解析】WAV 是波形文件格式,能够准确记录声音的波形信息。MP3、WMA 是有损压缩的音频文件格式,MIDI 是乐器数字接口文件格式。

4. 对声音波形采样时,采样频率越高,声音文件的数据量(　　)。

A. 越小　　　　　B. 越大　　　　　C. 不变　　　　　D. 无法确定

**参考答案**:B。

【解析】音频文件数据量的计算公式:音频数据量＝采样时间×采样频率×量化位数×声道数/8。因此,采样频率越高,音频数据量就会越大。

5. 把时间连续的模拟信号转换为在时间上离散、幅度上连续的模拟信号的过程称为(　　)。

A. 数字化　　　　B. 信号采样　　　　C. 量化　　　　　D. 编码

**参考答案**:B。

【解析】信号采样也称抽样,是连续信号在时间上的离散化,即按照一定时间间隔 $\Delta t$ 在模拟信号 $x(t)$ 上逐点采取其瞬时值。它是通过采样脉冲和模拟信号相乘来实现的。

6. 实现音频信号数字化最核心的硬件电路是(　　)。

A. A/D 转换器　　B. D/A 转换器　　　C. 数字编码器　　　D. 数字解码器

**参考答案**:A。

【解析】声音的数字化过程中,计算机系统通过输入设备输入声音信号,通过采样、量化将其转换成数字信号,然后通过输出设备输出。采样和量化过程中使用的主要硬件是 A/D 转换器(模拟/数字转换器,实现模拟信号到数字信号的转换)。

7. 对音频信号以 10 kHz 采样率、16 位量化精度进行数字化,每分钟的双声道数字化声音信号产生的数据量约为(　　)。

A. 1. 2 MB        B. 1. 6 MB        C. 2. 4 MB        D. 4. 8 MB

**参考答案：**C。

**【解析】**声音数据量＝采样时间×采样频率×量化位数×声道数/8，单位为字节/秒，即 10000 Hz×16 位×2 声道/8×60 秒，即 2400000 字节，再连除两次 1024 即 2.29 MB，将 1 KB 按 1000 B 算，则约为 2.4 MB。

8. 一般说来，数字化声音的质量越高，则要求（　　）。

A. 量化位数越少，采样率越低        B. 量化位数越多，采样率越高

C. 量化位数越少，采样率越高        D. 量化位数越多，采样率越低

**参考答案：**B。

**【解析】**采样频率表示每秒钟内采样的次数；量化位数反映声音的精度，所以量化位数越多，采样频率越高，则声音质量越高，因此本题选 B。

9. 在音频数字化的过程中，对模拟语音信号处理的步骤依次为（　　）。

A. 采样、量化、编码        B. 量化、采样、编码

C. 采样、编码、量化        D. 编码、量化、采样

**参考答案：**A。

**【解析】**在音频数字化过程中，对模拟语音信号先采样，将时间连续的信号转换为时间上离散的信号；再量化，将幅度连续的信号转换为幅度离散的信号；最后编码，用二进制数字表示量化后的信号。

10. 要录制声音，除要具备声卡、麦克风等硬件设备外，还需具备录音软件，下列不属于录音软件的是（　　）。

A. Windows 的录音机        B. Goldware

C. Sound Forge        D. Media Player

**参考答案：**D。

**【解析】**Windows 的录音机、Goldware、Sound Forge 是录音软件，而 Media Player 主要用于播放音频和视频文件，不是录音软件。

11. MP3 是（　　）。

A. 声音数字化格式        B. 图形数字化格式

C. 字符数字化格式        D. 动画数字化格式

**参考答案：**A。

**【解析】**MP3 是声音数字化格式，用于存储压缩后的音频数据。

## 3.2.3　图像处理基础

1. 数码相机里的照片可以利用计算机软件进行处理，计算机的这种应用属于（　　）。

A. 图像处理      B. 实时控制      C. 嵌入式系统      D. 辅助设计

**参考答案：**A。

**【解析】**数码相机里的照片利用计算机软件进行处理，属于图像处理范畴，包括调整色彩、裁剪、旋转等操作。

2. JPEG 是一个用于数字信号压缩的国际标准,其压缩对象是( )。

A. 文本      B. 音频信号      C. 静态图像      D. 视频信号

**参考答案:**C。

【解析】文本文件是以.txt 为扩展名的文件;常见的音频信号文件扩展名有.wav、.mp3、.wma、.vqf、.avi、.mov、.wmv 等;JPEG 图像文件是目前使用最广泛、最热门的静态图像文件,它具有高压缩率、高质量、便于网络传输等优点;常见的视频信号文件扩展名有.avi、.mpg 等。

3. 800 万像素的数码相机,拍摄照片的最高分辨率大约是( )。

A. 3200×2400      B. 2048×1600      C. 1600×1200      D. 1024×768

**参考答案:**A。

【解析】数码相机像素=能拍摄的最大照片的长边像素×宽边像素值。800 万像素的数码相机,拍摄照片的最高分辨率大约是 3200×2400。

4. 对一个图形来说,通常用位图格式文件存储与用矢量格式文件存储相比,所占用的空间( )。

A. 更小      B. 更大      C. 相同      D. 无法确定

**参考答案:**B。

【解析】静态图像根据其在计算机中生成的原理不同,分为矢量图形和位图图像两种,其中位图格式文件所占的存储空间较大。

5. 以.jpg 为扩展名的文件通常是( )。

A. 文本文件      B. 音频信号文件      C. 图像文件      D. 视频信号文件

**参考答案:**C。

【解析】以.jpg 为扩展名的文件是常见的图像文件格式,用于存储静态图像数据。

6. 构成位图图像的最基本单位是( )。

A. 颜色      B. 通道      C. 图层      D. 像素

**参考答案:**D。

【解析】构成位图图像的最基本单位是像素,每个像素点有自己的颜色值和位置信息。

7. 下列对位图和矢量图的描述,不正确的是( )。

A. 通常位图称为图像,矢量图为图形

B. 一般说位图存储容量较大,矢量图存储容量较小

C. 位图缩放效果没有矢量图的缩放效果好

D. 位图和矢量图存储方法是一样的

**参考答案:**D。

【解析】通常位图称为图像,矢量图为图形;位图存储容量较大,矢量图存储容量较小;位图缩放时会出现锯齿现象,缩放效果不如矢量图好;位图和矢量图存储方法不同,位图由像素点组成,矢量图用数学公式描述。

8. 以下关于图形图像的说法,正确的是( )。

A. 位图图像的分辨率是不固定的

B. 位图图像是以指令的形式来描述图像的

C. 矢量图形放大后不会产生失真

D. 矢量图形中保存每个像素的颜色值

参考答案：C。

【解析】位图图像的分辨率是固定的，它以像素点的颜色值来描述图像；矢量图形放大后不会失真，因为其用数学公式描述；矢量图形中不保存每个像素的颜色值。

## 3.2.4　动画处理基础

1. 多媒体制作过程中，不同媒体类型的数据收集需要不同的设备和技术手段，动画一般通过（　　）完成。

A. 字处理软件　　　　B. 视频卡采集　　　　C. 声卡剪辑　　　　D. 专用绘图软件

参考答案：D。

【解析】动画一般通过专用绘图软件完成，如 Flash、3D Max 等，这些软件可以绘制动画角色、场景，设置动画效果等。字处理软件主要用于处理文本，视频卡采集主要用于采集视频信号，声卡剪辑主要用于处理音频信号。

2. GIF 与 SWF 两种格式都是可以在网页上播放的动画格式文件，以下说法正确的是（　　）。

A. GIF 动画具有交互功能　　　　　　　B. SWF 不支持多种视频、声音

C. GIF 支持声音播放　　　　　　　　　D. SWF 具有交互功能

参考答案：D。

【解析】SWF 格式的动画文件具有交互功能，可通过 ActionScript 脚本实现与用户的互动；GIF 动画不支持交互功能，仅支持简单的动画效果。SWF 支持多种视频、声音格式，可在网页上播放高质量的动画；GIF 不支持声音的播放，功能比较有限。

3. GIF 与 SWF 两种格式都是可以在网页上播放的动画格式文件，以下说法正确的是（　　）。

A. SWF 不能边下载边播放　　　　　　　B. SWF 能够支持视频、声音等多种格式

C. GIF 支持交互功能　　　　　　　　　D. GIF 图像支持真彩色

参考答案：B。

【解析】SWF 支持多种视频、声音格式，可以边下载边播放；GIF 不支持交互功能，图像颜色最多 256 种，不支持真彩色。

4. 以下（　　）格式文件不是动画文件。

A. SWF　　　　　　B. MOV　　　　　　C. GIF　　　　　　D. TIF

参考答案：D。

【解析】SWF、MOV、GIF 是动画文件格式，TIF 是图像文件格式，不是动画文件。

5. 关于 GIF 格式文件，以下说法不正确的是（　　）。

A. 可以是动画图像　　　　　　　　　　B. 颜色最多 256 种

C. 图像是真彩色的　　　　　　　　　　D. 可以是静态图像

参考答案：C。

【解析】GIF 格式文件可以是动画图像，也可以是静态图像，颜色最多 256 种，不是真彩色。

## 3.2.5　视频处理基础

1. 以.avi 为扩展名的文件通常是(　　)。

A. 文本文件　　　　　B. 音频信号文件　　　C. 图像文件　　　　　D. 视频信号文件

**参考答案:** D。

【解析】以.avi 为扩展名的文件是常见的视频信号文件格式,用于存储视频数据。

2. 视频信息的最小单位是(　　)。

A. 比率　　　　　　　B. 帧　　　　　　　　C. 赫兹　　　　　　　D. 位(bit)

**参考答案:** B。

【解析】视频信息由一系列图像帧组成,每一个图像帧称为一帧,是视频信息的最小单位。

3. 声音与视频信息在计算机内的表现形式是(　　)。

A. 二进制数字　　　　B. 调制　　　　　　　C. 模拟　　　　　　　D. 模拟或数字

**参考答案:** A。

【解析】声音与视频都是一种模拟信号,而电脑只能处理数字信息0和1。首先,把模拟的声音信号变成电脑能够识别和处理的数字信号,叫作数字化。其次,把数字信号转变成模拟声音信号,输出到扬声器,这叫数模转换。在计算机内部,指令和数据都是用二进制0和1来表示的,因此,计算机系统中信息存储、处理也都是以二进制为基础的。声音与视频信息在计算机系统中只是数据的一种表现形式,也是以二进制来表示的。

4. 以下(　　)不是国际上流行的视频制式。

A. PAL 制　　　　　　B. NTSC 制　　　　　C. SECAM　　　　　　D. MPEG

**参考答案:** D。

【解析】MPEG 不是视频制式,而是一种视频压缩编码标准。PAL 制、NTSC 制、SECAM是国际上流行的三种视频制式。

## 3.2.6　多媒体数据压缩技术

1. 衡量数据压缩技术性能的重要指标是(　　)。

①压缩比　②算法复杂度　③恢复效果　④标准化

A. ①③　　　　　　　B. ①②③　　　　　　C. ①③④　　　　　　D. ①②③④

**参考答案:** B。

【解析】衡量数据压缩技术性能好坏的重要指标有三个:(1)数据压缩比,是指数据被压缩的比例;(2)实现压缩的算法要简单,就是数据压缩速度快;(3)数据恢复效果要好,要尽可能地完全恢复原始数据。

2. 音频信号的无损压缩编码是(　　)。

A. 波形编码　　　　　B. 参数编码　　　　　C. 混合编码　　　　　D. 熵编码

**参考答案:** D。

【解析】无损压缩(熵编码)是指压缩过程中不引入任何失真,能够完全还原原始音频信号。常用的无损压缩编码方法包括霍夫曼编码、算术编码、行程编码。

3. 下列说法不正确的是( )。

A. 预测编码是一种只能针对空间冗余进行压缩的方法

B. 预测编码是根据某一模型进行的

C. 预测编码需将预测的误差进行存储或传输

D. 预测编码中典型的压缩方法有 DPCM、ADPCM

**参考答案:**A。

**【解析】**预测编码不仅针对空间冗余进行压缩,还可针对时间冗余进行压缩。它根据某一模型进行,将预测的误差进行存储或传输,典型的压缩方法有 DPCM、ADPCM。

4. 将相同的或相似的数据或数据特征归类,使用较少的数据量描述原始数据,以达到减少数据量的目的,这种压缩称为( )。

A. 无损压缩　　　　B. 有损压缩　　　　C. 霍夫曼编码压缩　D. 变换编码压缩

**参考答案:**A。

**【解析】**数据压缩有两种基本方法:一种是将相同的或相似的数据或数据特征归类,使用较少的数据量描述原始数据,达到减少数据量的目的,称为无损压缩;另一种是利用人眼的视觉特性有针对性地简化不重要的数据,以减少总的数据量,这种压缩一般为有损压缩。

5. JPEG 是( )图像压缩编码标准。

A. 静态　　　　　　B. 动态　　　　　　C. 点阵　　　　　　D. 矢量

**参考答案:**A。

**【解析】**JPEG (joint photographic experts group)是一种常见的图像压缩编码标准,它主要用于静态图像的压缩。

6. 下面关于视频质量、数据量、压缩比的关系的论述,正确的是( )。

①视频质量越高,数据量越大

②随着压缩比的增大,解压后视频质量开始下降

③压缩比越大,数据量越小

④数据量与压缩比是一对矛盾体

A. ①　　　　　　　B. ①②　　　　　　C. ①②③　　　　　D. ①②③④

**参考答案:**D。

**【解析】**视频质量越高,数据量越大。压缩比增大,解压后视频质量可能下降。压缩比越大,数据量越小。数据量与压缩比是一对矛盾体,需在保证一定视频质量的前提下平衡两者关系。

7. 目前,多媒体计算机中对动态图像数据压缩常采用( )。

A. JPEG　　　　　　B. GIF　　　　　　C. MPEG　　　　　D. BMP

**参考答案:**C。

**【解析】**目前,多媒体计算机中对动态图像数据压缩常采用 MPEG 标准,JPEG 主要用于静态图像压缩,GIF 是简单动画格式,BMP 是未压缩的图像格式。

8. ( )不是衡量数据压缩技术性能的重要指标。

A. 压缩比　　　　　B. 算法复杂度　　　C. 恢复效果　　　　D. 标准化

**参考答案:**D。

**【解析】**衡量数据压缩技术性能的重要指标主要有压缩比、算法复杂度、恢复效果,不包括标准化。

9. 关于文件的压缩,以下说法正确的是(　　)。

A. 文本文件与图形图像都可以采用有损压缩

B. 文本文件与图形图像都不可以采用有损压缩

C. 文本文件可以采用有损压缩,图形图像不可以

D. 图形图像可以采用有损压缩,文本文件不可以

**参考答案:** D。

**【解析】** 文本文件不可以采用有损压缩,因为文本文件内容有明确含义,有损压缩可能导致内容丢失或错误。图形图像可以采用有损压缩,人眼对图像某些细节不敏感,可通过有损压缩减小文件大小而不影响整体效果。

## 3.2.7　多媒体应用系统制作简介

1. 基于图标的多媒体集成软件是(　　)。

A. Word　　　　　　B. Photoshop　　　　C. PowerPoint　　　　D. Authorware

**参考答案:** D。

**【解析】** Authorware 采用图标流程线为设计环境,使非专业编程人员也能编制出功能强大的交互式多媒体程序。Word 是文字处理软件,Photoshop 是图像处理软件,PowerPoint 是演示文稿软件。

2. 多媒体集成工具有多种,如果根据其对多媒体素材的安排和组织方式,可以将它们大致分成三种类型,下面不属于这三种类型的是(　　)。

A. 基于目标的工具　　　　　　　　B. 基于图标的工具

C. 基于页面的工具　　　　　　　　D. 基于时间的工具

**参考答案:** A。

**【解析】** 多媒体集成工具根据对多媒体素材的安排和组织方式,可分为基于图标的工具(如 Authorware)、基于页面的工具(如 ToolBook)、基于时间的工具(如 Director)。

3. 基于时间线的多媒体集成软件是(　　)。

A. PowerPoint　　　　B. ToolBook　　　　C. Director　　　　D. Authorware

**参考答案:** C。

**【解析】** Director 是基于时间的多媒体集成软件,可通过时间线安排和组织多媒体素材,制作动画、视频等多媒体作品。PowerPoint 是演示文稿软件,ToolBook 是基于页面的多媒体集成软件,Authorware 是基于图标的多媒体集成软件。

4. 以下选项中,不属于多媒体创作工具类型的是(　　)。

A. 基于描述语言或描述符号的创作工具　　B. 基于流程图的创作工具

C. 基于时间序列的创作工具　　　　　　　D. 基于文本的字处理工具

**参考答案:** D。

**【解析】** 多媒体创作工具类型包括基于描述语言或描述符号的创作工具(如 Authorware 的脚本语言)、基于流程图的创作工具(如 Authorware 的图标流程线)、基于时间序列的创作工具(如 Director 的时间线)。基于文本的字处理工具不属于多媒体创作工具类型,主要用于处理文本文件。

# 第4章 计算机网络基础

## 4.1 本章要点

### 知识点1:数字信号、模拟信号、调制与解调器功能

**1. 数字信号和模拟信号基本概念**

模拟信号通过连续变化的物理量来表示信息,如老师上课使用麦克风转换得到的电信号就是模拟信号。数字信号用有限个状态(一般是两个状态)来表示(编码)信息,如计算机通信使用的电信号是二进制代码0和1,就属于数字信号。模拟信号和数字信号是可以相互转化的。

**2. 调制与解调器功能**

计算机使用公用电话网进行数据传输时,由于电话线只能传输模拟信号,而计算机发送的是数字信号,因此发送端需要用调制解调器(modem)将计算机的数字信号调制成模拟信号,才能在电话网中传输。而接收端需要通过调制解调器进行解调,将收到的模拟信号解调成计算机能识别的数字信号。

### 知识点2:数据传输速率与误码率

**1. 传输速率**

传输速率是指信道中传输信息的速率,是体现数据传输系统质量的重要指标。传输速率数值用每秒钟传输二进制数据的比特数来表示,单位为比特/秒(bit/s),记作bps。

例如,通信信道上发送10比特二进制信号需要的时间为0.01 ms,那么数据传输率为$10^6$ bps。在实际应用中,常用的单位有Kbps、Mbps和Gbps。其中,1 Kbps$=10^3$ bps,1 Mbps$=10^6$ bps,1 Gbps$=10^9$ bps。

**2. 误码率**

误码率是衡量数据传输可靠性的指标,它的定义是:误码率=出错的码元数/总的传输码元数。例如,在某次传输中,收到10万个码元,经检查后发现存在一个错误码元,则此次传输的误码率为0.001%。

### 知识点 3：计算机网络的组成

计算机网络主要由两部分组成：一部分称为资源子网，在网络中负责信息处理；另一部分称为通信子网，负责信息交换。资源子网是指负责网络数据处理和向用户提供资源共享的设备及软件的集合，包括负责数据处理与数据存储的计算机系统。通信子网由实现网络通信功能的相关设备及软件构成，包括通信设备、通信软件以及网络通信协议等。通信子网负责实现资源子网中各节点之间的信息传输，在不同类型网络和计算机之间进行信息传输时，通信子网需要负责线路的转接、信息的加工与转换等工作。通信子网主要包括中继器、集线器、网桥、路由器、网关、通信协议、网管软件等。

### 知识点 4：局域网、城域网和广域网

计算机网络根据涉及的地理范围，可分为局域网、城域网和广域网。

**1. 局域网**

局域网（local area network，LAN）是将小区域内的各种通信设备互联在一起所形成的网络，覆盖范围一般局限在房间、大楼或园区，范围在 2～10 千米。局域网类型众多，有以太网（Ethernet）、光纤分布式数据接口（fiber distributed data interface，FDDI）、异步传输模式（asynchronous transfer mode，ATM）、令牌环网（Token）等，它们在拓扑结构、传输介质、传输速度、数据的格式等方面都有较大的差异，其中以太网是应用最广的局域网。

**2. 城域网**

城域网（metropolitan area network，MAN）的作用范围通常是一座城市。城域网能满足几十千米范围内的多个局域网络互联的需要，实现比局域网更大范围内用户的资源共享。

**3. 广域网**

广域网（wide area network，WAN）的作用范围最大，可以从几十千米到几千千米不等，可以将多个城市、国家连接，形成全球性的资源共享网络。广域网利用电话交换网、微波、卫星通信网或其他组合信道进行通信，将分布在不同地区的 LAN 或计算机系统互联起来，达到资源共享的目的。

### 知识点 5：计算机网络的拓扑结构

计算机网络按拓扑结构，分为总线型、星型、环型、树型、网状型五种。

总线型结构：网络中的所有计算机都连接到一条通信电缆上共享通信线路，任意节点发送的信号都可以通过通信电缆传输到其他站点，但只有地址相匹配的节点才能接收到该信号。

星型结构：由外围节点与处于中间的中央节点连接构成，外围节点间若要进行通信，需要经由中央节点，并受中央节点的控制。

环型结构：各节点被连接在一个环形的闭合通信线路中，当某节点得到许可并发送信息时，信息格式会包含源节点与目的节点的地址，信息按固定的方向流动依次经过环路上所有节点，当信息到达目的地址节点时，信息才被接收，信息继续流动直到回到发送节点为止。

树型结构:树型结构实际是对星型结构的扩展,多个星型结构网络通过集线器连接,形成一个更大的树形结构网,该结构中不允许环路出现。

网状型结构:有完全网状结构和非完全网状结构两种,完全网状结构中的任意两节点都有直接连接线路,而非完全网状结构存在部分节点间没有连接线路的情况。

## ■知识点 6:常见的网络互联设备、局域网的传输介质

### 1. 常见的网络互联设备

网卡:网络适配器的简称,是连接网络的基础设备。它还具有分析数据的地址信息、优化网络管理、数据过滤、冲突检测等功能。

中继器:也称为转发器,是简单的网络互联设备,工作在 OSI(open system interconnection)参考模型的物理层。在数据传输时,中继器负责在两个节点间的按位传递,完成信号的复制、调整和放大功能,以此来延长消息传递的距离。

集线器:集线器(hub)与中继器一样工作在物理层,其本质上是具有多个端口的中继器。集线器采用 CSMA/CD(carrier sense multiple access/collision detection)介质访问控制方法实现对冲突的检测。

网桥:工作在数据链路层,用于不同链路层协议、传输速率、传输介质的网络互联。网桥能够解析、转发和过滤数据包,对于目的地址与源地址不属同一网络的数据包进行转发,属于同一网络的数据包则被过滤。

交换机:交换机能够连接多个同类型网络,也能将一个网络从逻辑上划分成多段。交换机能够解析 Mac 地址,同时具有转发、过滤功能。交换机和集线器的区别:一个端口的数据帧要发给另一端口时,如果使用集线器,则接入集线器的所有端口都会收到该数据帧;而使用交换机时,只在需要传输的两端口间建立通道,其他端口不会收到该数据帧。

路由器:路由器工作在 OSI 模型的网络层,是一种多端口的互联设备。路由器可以连接不同传输速率的网络,也可连接不同结构的局域网或广域网。路由器的主要功能是检测数据的目的地址,对路径进行动态分配,将数据分流到不同的路径中。

### 2. 局域网的传输介质

局域网常用的传输介质有同轴电缆、双绞线、光纤以及无线通信。在 20 世纪八九十年代网络应用的早期阶段,同轴电缆曾被广泛使用。随着技术的进步,双绞线和光纤的应用日益普及,特别是在快速局域网中,双绞线因其低成本、速度快、可靠性高等优势被广泛使用。而光纤主要应用于远距离、高速传输的网络环境。光纤的可靠性很高,有着双绞线和同轴电缆无法比拟的优点。随着光纤技术的成熟以及应用成本的不断降低,光纤在未来有着广阔的发展前景。

## ■知识点 7:IP 地址格式、IP 地址分类、域名

### 1. IP 地址

IP 地址是 IP 协议(Internet protocol)提供的一种统一的地址格式。Internet 上每台主机和路由器都有一个 IP 地址,包含网络号与主机号信息。原则上 Internet 上的任何两台机器都不会有相同的 IP 地址。IP 地址采用 32 位二进制来表达,每 8 位构成一个段,所以一个

IP 地址由 4 个段构成,形式如 11001010.11001110.11010010.00100101。由于二进制的地址表示不容易记忆和书写,因此通常使用十进制来表示 IP 地址,上述的二进制 IP 地址对应十进制表示为 202.206.210.37。

**2. IP 地址分类**

IP 地址由各级因特网管理组织进行分配,可分五大类:A 类、B 类、C 类、D 类、E 类。五类地址可以从首字段取值识别:A 类地址首字段取值范围为 0～127,B 类地址首字段取值范围为 128～191,C 类地址首字段取值范围为 192～223,D 类地址首字段取值范围为 224～239,E 类地址首字段取值范围为 240～255。

**3. 域名**

IP 地址虽然能够唯一标识网络上的计算机,但由于 IP 地址是数字串,不直观也不方便记忆,于是人们发明了用字符表示 IP 地址的替代方案,称为域名。IP 地址与域名是一一对应的,这种映射关系存放在一台称为域名服务器(domain name server,DNS)的主机内,访问者只需提供域名地址,DNS 就会自动将其映射转换到相应的 IP 地址。

国际上,一级域名采用通用的标准代码,分为组织机构和地理模式两类。

常用的一级域名:com 供商业机构使用,net 供网络服务供应商使用,org 供其他组织使用,edu 供教育机构使用,gov 供政府机关使用,mil 供军事部门使用,int 供国际组织使用。

由于因特网诞生于美国,所以其一级域名采用组织机构域名,而美国以外的国家和地区将主机所在国家或地区作为一级域名。例如,cn 表示中国大陆,hk 表示中国香港,tw 表示中国台湾,de 表示德国,eu 表示欧盟,jp 表示日本,uk 表示英国等。

## 知识点 8:TCP/IP 网络协议

为促进互联网络的有序发展,方便全球范围的计算机进行开放式通信,1985 年,ISO 提出了具有七层协议结构的开放系统互连模型,即 OSI 参考模型。TCP/IP 网络体系结构没有完全按照 OSI 的七层参考模型来设计,而是使用四层的结构,分别是网络接入层(又称网络接口层)、网络层(又称网际层)、传输层、应用层。

网络接口层:对应 OSI 参考模型中的物理层和数据链路层,TCP/IP 参考模型在网络接口层实际上只是一些概念性的描述,没有进行真正的定义。而 OSI 参考模型将该层分为两层(物理层和数据链路层),并对每一层进行详尽的功能定义,甚至在数据链路层还专门分出一个介质访问子层来解决局域网的共享介质问题。

网际层:主要规定数据分组中的路径选择。该层的协议包括 IP 协议、ICMP(Internet control message protocol)协议、IGMP(Internet group management protocol)协议。对应于 OSI 参考模型中的网络层。

传输层:主要规定端到端的服务。该层包含两个主要协议:可靠的、面向连接的传输控制协议(TCP)和不可靠的、无连接的用户数据报协议(user datagram protocol,UDP)。对应于 OSI 参考模型中的传输层。

应用层:为用户提供所需要的各种服务。该层常用的协议包括 Telnet 远程登录、FTP 文件传输协议、DNS 域名服务、HTTP 超文本传输协议、SMTP 简单邮件传送协议、SNMP 简单网络管理协议等。对应于 OSI 参考模型的会话层、表示层、应用层。

## ■知识点 9：互联网的接入

电话拨号接入：利用公用电话交换网 PSTN(published switched telephone network)通过调制解调器拨号让用户接入互联网。通过电话线连接因特网的常用技术是 ADSL(asymmetrical digital subscriber line)，即非对称数字用户线路。

有线电视网接入：Cable-modem 是一种利用现成的有线电视(cable television, CATV)网进行数据传输的技术。由于有线电视网使用的是模拟传输协议，所以需要调制解调器进行数字信号和模拟信号的转化

光纤接入：光纤接入是指终端用户通过光纤连接到因特网。光纤通信具有容量大、性能稳定、抗干扰能力强等优点，在干线通信中扮演着重要角色。根据光纤深入用户的程度不同，即依据光网络单元(optical network unit, ONU)的位置，光纤接入方式有 FTTB(fiber to the building, 光纤到大楼)、FTTC(fiber to the curb, 光纤到路边)、FTTH(fiber to the home, 光纤到用户)、FTTZ(fiber to the zone, 光纤到小区)、FTTO(fiber to the office, 光纤到办公室)、FTTF(fiber to the floor, 光纤到楼层)。

无线接入：无线接入是指从交换节点到用户终端之间，部分或全部采用无线连接方式。无线接入技术不需要布线就能将用户终端与网络节点连接，为组建网络带来极大的便捷。

## ■知识点 10：WWW 信息服务

### 1. 网页与网站

网页是采用超文本标记语言（HTML 或 XML）描述的文档，其文件扩展名为.html、.htm或.xml 等，可以使用 Dreamweaver 等软件进行设计。

网站(website)是互联网上一组用于展示特定内容的相关网页集合。网站在互联网上拥有自己的域名，如新浪公司网站的域名为 www.sina.com.cn。存储网站文件的服务器称为 WWW 服务器或 Web 服务器，Web 服务器中存放着大量的网页文件，人们可通过浏览器来访问这些网页，网页中往往包含超链接，点击超链接即可在不同网页之间切换跳转。

### 2. HTTP 与 URL

HTTP(hyper text transfer protocol)即超文本传输协议，是标准的万维网传输协议，用于定义万维网的合法请求与应答。

URL(uniform resource locator)即统一资源定位器。URL 由资源类型、存放资源的主机域名、资源文件名三部分组成。URL 是对互联网资源的位置和访问方法的一种表示，每个网页文件都对应一个 URL。

## ■知识点 11：通信服务

### 1. 电子邮件(E-mail)以及 SMTP、POP3 服务器

电子邮件综合了电话和信件的特点，它的传送速度既可以和电话一样快，又能像信件一样呈现文字记录，是网络用户之间快速、便捷、低成本的通信手段。

邮件服务器存在两种服务类型:SMTP(simple mail transfer protocol)服务器(发送邮件服务器)和 POP3 (post office protocol-version 3)服务器(接收邮件服务器)。SMTP 服务器采用简单邮件传输协议,将电子邮件转交给收件人邮件服务器中。POP3 服务器采用 POP3 协议,将电子邮件暂存于接收邮件服务器里,等待接收者来取。电子邮件服务器常常同时具有发送和接收邮件的功能,即 SMTP 与 POP3 服务器使用相同的名称。

**2. 文件传输服务**

文件传输协议(file transfer protocol,FTP)是最早期也是 Internet 中最重要的功能之一。FTP 的作用是将 Internet 上的用户文件上传到服务器上,用户也可以将 FTP 远程服务器上需要的文件下载到本地计算机中。FTP 服务器为广大用户共享文件资源提供了方便。

## ▌知识点 12:信息安全实现技术

**1. 信息加密**

信息加密是指对重要的信息进行处理,让它看上去无规律可循,即使攻击者截获该信息也无法读懂其中的含义。信息加密是保障信息安全最基本的技术措施,也是现代密码学的重要组成内容。

**2. 数字签名**

数字签名是对网上传输的电子报文进行签名确认的技术,能有效防止通信双方的欺骗和抵赖行为。数据接收方能够鉴别发送方的身份,而发送方在数据发送完成后无法否认发送过该数据的事实。签名者私有信息是无法被推算出来的,所以数字签名可以有效确认用户是否真实,同时具有不可否认性的特点。

**3. 防火墙技术**

防火墙(firewall)是一个由软件和硬件组成的系统,部署于网络边界,在内部网与外部网之间构建一道保护屏障。防火墙既能监视网络的安全情况,又能防止恶意入侵、恶意代码传播等破坏行为,有效保障内部网络的安全。

按照不同的标准,防火墙可以有不同的分类。例如,按产品形态可分为软件防火墙、硬件防火墙、软硬一体化防火墙;按适用场合可分为网络防火墙、主机防火墙;按应用的技术可分为包过滤型防火墙、应用代理型防火墙、电路层网关型防火墙;按网络接口可分为千兆防火墙、百兆防火墙、十兆防火墙。

**4. 入侵检测技术**

入侵检测(intrusion detection,ID)通过收集和分析计算机网络系统中的若干关键点信息,检测网络中是否有违反安全策略的行为或被攻击的迹象。入侵检测技术是一种积极主动型防御技术,在保护计算机信息安全方面起着重要的作用。入侵检测系统是防火墙之后的第二道安全闸门,在不影响网络性能的前提下,对网络进行监听,有效应对内外部攻击和误操作,大大提高了网络的安全性。

## ▌知识点 13:病毒的概念、分类及防范

**1. 计算机病毒的概念**

计算机病毒是从生物医学的病毒一词引申而来的,是指某些人利用计算机系统的漏洞,

编写对计算机系统造成破坏的恶意代码。计算机病毒能够进行复制和繁殖,有些甚至还会产生变种。

**2. 计算机病毒的分类**

(1)引导区型病毒

引导区型病毒是寄生于磁盘引导区或主引导区的病毒。由于系统引导时不会对主引导区内容进行判别,引导区型病毒因此乘机侵入系统并驻留在内存,伺机传染与破坏。按照寄生位置,引导区型病毒又可细分为主引导记录病毒和分区引导记录病毒,主引导记录病毒感染硬盘的主引导区,分区引导记录病毒感染硬盘的活动分区引导区。当某计算机的硬盘感染引导区型病毒时,该病毒会进一步传播给插入该计算机的U盘或光盘的引导区。

(2)文件型病毒

文件型病毒也称为"寄生病毒",主要感染扩展名为.com、.exe、.drv、.bin、.ovl、.sys的可执行文件。文件型病毒将自己附着到上述类型的原文件中,使其成为带毒的文件,计算机一旦运行这些带毒文件,就会被感染。根据病毒附着类型不同,文件型病毒可细分为三类:覆盖型文件病毒、前后附加型文件病毒、伴随型文件病毒。

(3)混合型病毒

混合型病毒兼有上述两类病毒的特点,能同时传染磁盘的引导区和可执行文件,所以混合型病毒传染性更强,破坏性更大,查杀起来也更困难。

(4)宏病毒

宏病毒是针对软件提供的宏功能编写设计的病毒,具有写宏功能的软件都有可能感染此病毒。例如微软公司的办公软件Word、Excel,宏病毒可寄生在文档或模板的宏中,染上宏病毒的文件一旦被运行,就可能影响计算机中所有的同类型文档,可能出现文件无法打印、修改文件名和存储路径、复制文件、关闭菜单、文件无法编辑等异常情况。因为微软Word、Excel这类办公文档几乎是全世界办公文档的标准,在日常生活办公中被广泛使用,所以宏病毒的传播速度和危害面都非常惊人。

(5)网络病毒

网络病毒,顾名思义是通过网络传播的病毒,也称为Internet病毒,常见的网络病毒有蠕虫、黑客程序、木马。

蠕虫是通过网络复制和传播的一种病毒,一般通过电子邮件、微信等社交软件进行传播。黑客程序与木马则常常被非法用户配合着使用,进行破坏和删除文件、发送密码、记录键盘、攻击Dos等操作。木马与普通的病毒不同,它不会自我繁殖,也不会"刻意"地去感染其他文件,木马的作用是帮助黑客程序打开中毒计算机的门户。

**3. 计算机病毒的防范**

计算机病毒最常见的传播途径来自网络和外部存储介质。要有效预防计算机病毒,就应该切断病毒的传播途径,养成良好的使用计算机习惯。具体做法如下:

(1)安装有效的防火墙和杀毒软件,根据用户实际情况进行安全设置,定期升级杀毒软件,进行全盘杀毒。

(2)定期扫描系统漏洞,及时更新系统补丁。

(3)使用U盘、移动硬盘等外部存储设备时,要先使用杀毒软件查杀病毒。

(4)平时对电脑中重要文件要做备份,以免遭受病毒破坏,造成损失。

（5）不要轻易打开陌生的可疑电子邮件。

（6）及时了解流行病毒的传播途径和防范方法，做到提前预防。

（7）有效管理计算机的 Administrator 账户、Guess 账号以及用户创建的账号，包括密码管理、权限管理。

（8）如果非必要，可禁用远程功能。

（9）浏览网页和下载软件，选择正规的官方网站。

（10）从网上下载的文件，用杀毒软件查杀病毒后使用。

杀毒软件具有一定的滞后性和被动性，先有病毒的出现然后才有查杀该病毒的对策。所以，预防病毒不能完全依赖于杀毒软件，更需要我们有良好的病毒防范意识和安全使用计算机的习惯。

# 4.2　习题及其解析

## 4.2.1　通信的基本概念

1. 下列度量单位中，用来度量计算机网络数据传输速率（比特率）的是（　　）。

A. MB/s　　　　　　　B. MIPS　　　　　　　C. GHz　　　　　　　D. Mbps

**参考答案**：D。

**【解析】**Mbps 指每秒传输的位（比特）数量，是传输速率的度量单位。计算机网络数据传输速率用 Mbps 来度量。

2. 通信技术主要是用于扩展人的（　　）。

A. 处理信息功能　　　　　　　　　　B. 传递信息功能

C. 收集信息功能　　　　　　　　　　D. 信息的控制与使用功能

**参考答案**：B。

**【解析】**通信技术具有扩展人的神经系统传递信息的功能；传感技术具有扩展人的感官收集信息的功能；微电子技术扩展了人们对信息的控制与使用能力。

3. 计算机网络中传输速率 bps 的含义是（　　）。

A. 字节/秒　　　　　B. 字/秒　　　　　C. 字段/秒　　　　　D. 二进制位/秒

**参考答案**：D。

**【解析】**在数据传输中，数据通常是串行传输的，即一个比特接一个比特地传输。数据速率的单位是比特/秒（bps），其含义是每秒串行通过的二进制位数。

4. 调制解调器的主要功能是（　　）。

A. 模拟信号的放大　　　　　　　　　B. 数字信号的放大

C. 数字信号的编码　　　　　　　　　D. 模拟信号与数字信号之间的相互转换

**参考答案**：D。

**【解析】**调制解调器的主要功能是在发送端将数字信号转换为模拟信号，而在接收端将模拟信号转换成数字信号,所以调制解调器实现了模拟信号与数字信号之间的相互转换。

5.调制解调器的主要技术指标是数据传输速率,它的度量单位是(    )。

A. MIPS              B. Mbps              C. dpi              D. KB

**参考答案:**B。

【**解析**】Mbps(million bits per second)指每秒传输的位(比特)数量,是用来表示传输速率的度量单位。

## ▌4.2.2  计算机网络概述

1.计算机网络的主要目标是实现(    )。

A. 数据处理                          B. 文献检索

C. 快速通信和资源共享              D. 共享文件

**参考答案:**C。

【**解析**】计算机网络的主要功能是资源共享与通信。资源共享包括网络中的硬件、软件和信息资源共享,通信则实现了网络中计算机之间的信息传输。

2.计算机网络最突出的优点是(    )。

A. 精度高                          B. 提高计算机的存储容量

C. 运算速度快                      D. 实现资源共享和快速通信

**参考答案:**D。

【**解析**】计算机网络最突出的优点是凡是入网用户均能享受网络中各个计算机系统的全部或部分软件、硬件和数据资源,而且网络中的计算机之间可以实现快速便捷的信息传输。

3.下列传输介质中,传输速率最快的是(    )。

A. 双绞线          B. 光纤          C. 同轴电缆          D. 电话线

**参考答案:**B。

【**解析**】常用的网络传输介质有双绞线、同轴电缆和光纤,其传输速率由快到慢依次为光纤、同轴电缆、双绞线。

4.计算机网络是一个(    )。

A. 管理信息系统                    B. 编译系统

C. 在协议控制下的多机互联系统      D. 网上购物系统

**参考答案:**C。

【**解析**】计算机网络是将地理位置不同的具有独立功能的多台计算机及其外部设备,通过通信线路连接起来,在网络操作系统、网络管理软件及网络通信协议的管理和协调下,实现资源共享和信息传递的计算机系统的集合。

5.计算机网络是计算机技术和(    )。

A. 自动化技术的结合                B. 通信技术的结合

C. 电缆等传输技术的结合            D. 信息技术的结合

**参考答案:**B。

【**解析**】计算机网络是计算机技术和通信技术相结合的产物,伴随着计算机技术和通信技术的发展,计算机网络技术日新月异,成为信息存储、传播和共享的有力工具。

6. 下列属于局域网的是(　　　)。

A. 公共交换电话网　　B. Novell 网　　　　　　C. Chinanet 网　　　　D. Internet

**参考答案**:B。

【**解析**】Novell 网是局域网的一种,在局部小范围内使用。Novell 网所使用的协议不能和 Windows 网通信,Novell 网要连上 Internet 需安装 TCP/IP 协议。

7. 以太网的拓扑结构是(　　　)。

A. 星型　　　　　　　B. 总线型　　　　　　　C. 环型　　　　　　　　D. 树型

**参考答案**:B。

【**解析**】以太网的拓扑结构是总线型,这种拓扑结构通过单根传输介质作为共用的传输线路,将网络中所有的计算机通过相应的硬件接口和电缆直接连接到这根共享的总线上。

8. 各个节点通过中继器连接成一个闭合环路,则这种网络拓扑结构称为(　　　)。

A. 总线型拓扑　　　　B. 星型拓扑　　　　　　C. 树型拓扑　　　　　　D. 环型拓扑

**参考答案**:D。

【**解析**】环型拓扑结构由沿固定方向连接成封闭回路的网络节点组成,每一节点与它左右相邻的节点连接,是一个点对点的封闭结构。

9. 计算机网络中常用的有线传输介质有(　　　)。

A. 双绞线、红外线、同轴电缆　　　　　　B. 激光、光纤、同轴电缆

C. 双绞线、光纤、同轴电缆　　　　　　　D. 光纤、同轴电缆、微波

**参考答案**:C。

【**解析**】计算机网络中常用的有线传输介质有双绞线、同轴电缆和光纤。无线传输介质有微波、红外线、激光或卫星。

10. 局域网中,提供并管理共享资源的计算机称为(　　　)。

A. 网桥　　　　　　　B. 网关　　　　　　　　C. 服务器　　　　　　　D. 工作站

**参考答案**:C。

【**解析**】服务器是指网络中能对其他机器提供某些服务的计算机系统。在局域网中,它是用来提供并管理共享资源的计算机。

11. 若网络的各节点均连接到同一条通信线路上,且线路两端有防止信号反射的装置,则这种拓扑结构称为(　　　)。

A. 总线型拓扑　　　　B. 星型拓扑　　　　　　C. 树型拓扑　　　　　　D. 环型拓扑

**参考答案**:A。

【**解析**】总线型拓扑是指采用单根传输线作为传输介质,所有的站点都通过相应的硬件接口直接连到传输介质——总线上。

12. 计算机网络中,若所有的计算机都连接到一个中心节点上,当一个网络节点需要传输数据时,先传输到中心节点上,然后由中心节点转发到目的节点,这种连接结构称为(　　　)。

A. 总线型结构　　　　B. 环型结构　　　　　　C. 星型结构　　　　　　D. 网状型结构

**参考答案**:C。

【**解析**】星型结构有一个中心点,向外辐射出多条链路,符合题目描述的情况。

13. 将计算机与局域网连接,至少需要具有的硬件是(　　　)。

A. 集线器　　　　　　B. 网关　　　　　　　　C. 网卡　　　　　　　　D. 路由器

参考答案:C。

【解析】网卡是构成网络必需的基本设备,用于将计算机和通信电缆连接起来,实现计算机之间高速可靠的数据传输。

14. 局域网硬件中主要包括工作站、网络适配器、传输介质和( )。

A. 调制解调器　　　　B. 交换机　　　　C. 打印机　　　　D. 中继站

参考答案:B。

【解析】局域网的硬件设备包括传输介质、网络适配器、集线器、工作站以及用来联网的设备——交换机等。

15. 下列网络的传输介质中,抗干扰能力最好的是( )。

A. 光纤　　　　　　B. 同轴电缆　　　　C. 双绞线　　　　D. 电话线

参考答案:A。

【解析】相比于其他三种通信介质,光纤的误码率低,抗干扰能力最强。

16. 用来补偿数字信号在传输过程中衰减损失的设备是( )。

A. 网络适配器　　　B. 集线器　　　　　C. 中继器　　　　D. 路由器

参考答案:C。

【解析】中继器是工作于物理层的网络设备,它的作用是放大信号,补偿信号衰减,提高传输过程中的稳定性和可靠性。中继器可以理解成一个信号放大器,能有效延长信号的传输距离。

## ▌4.2.3　互联网基础

1. TCP 协议的主要功能是( )。

A. 对数据进行分组　　　　　　　　B. 确保数据的可靠传输

C. 确定数据传输路径　　　　　　　D. 提高数据传输速度

参考答案:B。

【解析】TCP 协议的主要功能是完成对数据包的确认、流量控制和网络拥塞控制;自动检测数据包,并提供错误重发的功能;将多条路径传送的数据包按照原来的顺序进行排列,并对重复数据进行筛选;控制超时重发,自动调整超时值;提供自动恢复丢失数据的功能。综上所述,TCP 协议为基于 IP 的网络通信提供了可靠且高效的传输服务。

2. 无线移动网络最突出的优点是( )。

A. 资源共享和快速传输信息　　　　B. 提供随时随地的网络服务

C. 文献检索和网上聊天　　　　　　D. 共享文件和收发邮件

参考答案:B。

【解析】无线移动网络允许用户任何时间、任何地点连接到互联网,提供高效、便捷、灵活的网络解决方案。

3. 正确的 IPv4 地址是( )。

A. 202. 112. 111. 11　　　　　　　B. 102. 1. 1. 1. 1

C. 102. 101. 1　　　　　　　　　　D. 102. 257. 12. 1

参考答案:A。

【解析】IPv4 地址由 4 个字节组成,而且段间用“.”分隔。每个段的十进制数范围是 0～255。

4. 因特网中 IPv4 地址用 4 组十进制数表示,每组数字的取值范围是(　　)。

A. 0~127　　　　　　B. 0~128　　　　　　C. 0~255　　　　　　D. 0~256

**参考答案:**C。

**【解析】**IPv4 地址由 4 个 8 位二进制数组成,而 8 位二进制数转换成十进制的最大值是 255,所以每组数字的可取值范围是 0~255。

5. IPv4 地址和 IPv6 地址的位数分别为(　　)。

A. 4、6　　　　　　　B. 8、16　　　　　　C. 16、24　　　　　　D. 32、128

**参考答案:**D。

**【解析】**对 IPv4,IP 地址由 4 个 8 位二进制数组成,即 4 个字节构成,共 32 位。对 IPv6,IP 地址由 16 个字节构成,共 128 位。

6. "综合业务数字网"的英文缩写是(　　)。

A. ADSL　　　　　　B. ISDN　　　　　　C. ISP　　　　　　D. TCP

**参考答案:**B。

**【解析】**综合业务数字网(integrated services digital network,ISDN)是一个数字电话网络国际标准,是一种典型的电路交换网络系统。

7. 有一域名为 ptu. edu. cn,根据域名代码的规定,此域名表示(　　)。

A. 教育机构　　　　B. 商业组织　　　　C. 军事部门　　　　D. 政府机关

**参考答案:**A。

**【解析】**商业组织的域名为".com",军事部门的域名为".mil",政府机关的域名为".gov",教育机构的域名为".edu",非营利性组织的域名为".org"。

8. Internet 网中不同网络和不同计算机相互通信的协议是(　　)。

A. ATM　　　　　　B. TCP/IP　　　　　C. Novell　　　　　D. X. 25

**参考答案:**B。

**【解析】**TCP/IP(transmission control protocol/Internet protocol,传输控制协议/网际协议)是指能够在多个不同网络间实现信息传输的协议簇。TCP/IP 协议不仅仅是 TCP 和 IP 两个协议,只是这两个协议最具代表性,所以被称为 TCP/IP 协议。

9. HTTP 是(　　)。

A. 网址　　　　　　B. 域名　　　　　　C. 高级语言　　　　D. 超文本传输协议

**参考答案:**D。

**【解析】**HTTP 是一个简单的请求-响应协议,它通常运行在 TCP 之上。

10. Internet 实现了分布在世界各地的各类网络的互联,其最基础、核心的协议是(　　)。

A. HTTP　　　　　　B. HTML　　　　　　C. TCP/IP　　　　　D. FTP

**参考答案:**C。

**【解析】**TCP/IP 传输协议即传输控制协议/网际协议,它是网络使用中的最基本的通信协议。TCP/IP 传输协议对互联网中各部分进行通信的标准和方法进行了规定。

11. 接入因特网的每台主机都有一个唯一可识别的地址,称为(　　)。

A. TCP 地址　　　　B. IP 地址　　　　　C. TCP/IP 地址　　　D. URL

**参考答案:**B。

**【解析】**IP 地址用来给 Internet 上的计算机编号,每台联网的计算机要有 IP 地址才能正常通信。

12. 在 Internet 上浏览时,浏览器和 WWW 服务器之间传输网页使用的协议是（　　）。

A. HTTP　　　　　B. IP　　　　　　C. FTP　　　　　　D. SMTP

**参考答案:**A。

【解析】HTTP 是互联网上应用最为广泛的一种网络协议,它能够基于 TCP/IP 通信协议来传递数据(HTML 文件、图片文件)。

13. 下列关于域名的说法,正确的是（　　）。

A. 域名就是 IP 地址

B. 域名的使用对象仅限于服务器

C. 域名完全由用户自行定义

D. 域名系统按地理域或机构域分层,采用层次结构

**参考答案:**D。

【解析】尽管 IP 地址能够区分网络上的计算机,但 IP 地址不直观,不方便记忆,于是人们设计了域名。域名实行层次化结构管理,通常按照地理或机构层次进行分层,各层次之间使用小数点进行分隔,从右至左依次为顶级域名、次级域名等。

14. Internet 中,用于实现域名和 IP 地址转换的是（　　）。

A. SMTP　　　　　B. DNS　　　　　C. FTP　　　　　　D. HTTP

**参考答案:**B。

【解析】DNS 是互联网的一项服务,负责将方便人们记忆的域名解析成计算机能够直接识别的 IP 地址,让访问互联网更加便利。

15. 下面不属于 OSI 参考模型分层的是（　　）。

A. 物理层　　　　B. 网络层　　　　C. 网络接口层　　　D. 应用层

**参考答案:**C。

【解析】OSI 即开放系统互连参考模型,是 ISO 在 1985 年研究的网络互连模型。该体系结构标准定义了网络互连的七层框架(物理层、数据链路层、网络层、传输层、会话层、表示层和应用层)。

16. www.ptu.edu.cn 是指（　　）。

A. 域名　　　　　B. IP 地址　　　　C. 非法地址　　　　D. 协议名称

**参考答案:**A。

【解析】域名实行层次化结构管理,通常按照地理或机构层次进行分层,各层次之间使用小数点进行分隔,从右至左依次为顶级域名、次级域名等。

17. TCP/IP 中,TCP 是一种（　　）的协议。

A. 可靠的面向连接　　　　　　　B. 不可靠的面向连接

C. 可靠的无连接　　　　　　　　D. 不可靠的无连接

**参考答案:**A。

【解析】TCP 是一种面向连接的、可靠的、基于字节流的传输层通信协议。它为网络通信提供了可靠的、有序的和错误检查的传输服务。

18. Internet 采用域名的原因是（　　）。

A. 每台主机必须用域名地址标识

B. 每台主机必须用 IP 地址和域名共同标识

C. IP 地址不能唯一标识一台主机

D. IP 地址不便于记忆

**参考答案:**D。

**【解析】**域名(domain name)是互联网的一项服务,由于 IP 地址不便于人们记忆,因此人们设计了域名:由一串用点分隔的名字组成的互联网上某一台计算机或计算机组的名称。

19. 以下网络协议中,(　　)传输数据的速度最快。

A. TCP　　　　　　　B. UDP　　　　　　　C. FTP　　　　　　　D. IP

**参考答案:**B。

**【解析】**UDP 是工作在 OSI 模型中传输层的协议。它使用 IP 作为底层协议,是一种以最少的协议机制向其他程序发送消息的协议。其主要特点是无连接,不保证可靠传输和面向报文。

20. 下面 IP 中,属于 C 类地址的是(　　)。

A. 125.25.1.3　　　B. 193.66.31.4　　　C. 129.50.52.16　　　D. 240.30.50.61

**参考答案:**B。

**【解析】**IP 地址可分五大类:A 类、B 类、C 类、D 类、E 类。五类地址可以从首字段取值识别:A 类地址首字段取值范围为 0~127,B 类地址首字段取值范围为 128~191,C 类地址首字段取值范围为 192~223,D 类地址首字段取值范围为 224~239,E 类地址首字段取值范围为 240~255。

21. 计算机网络按其覆盖的范围,可划分为(　　)。

A. 以太网和移动通信网　　　　　　　B. 局域网、城域网和广域网

C. 电路交换网和分组交换网　　　　　D. 星型结构、环型结构和总线型结构

**参考答案:**B。

**【解析】**根据涉及的地理范围大小不同,网络可分为局域网、城域网和广域网三种。

## 4.2.4　互联网提供的服务

1. FTP 是因特网中(　　)。

A. 用于传送文件的一种服务　　　　　B. 发送电子邮件的软件

C. 浏览网页的工具　　　　　　　　　D. 一种聊天工具

**参考答案:**A。

**【解析】**FTP 是文件传输协议的简称,用于在 Internet 上控制文件的双向传输。

2. 在因特网上,一台计算机可以作为另一台主机的远程终端,使用该主机的资源,该项服务称为(　　)。

A. Telnet　　　　　　B. BBS　　　　　　　C. FTP　　　　　　　D. WWW

**参考答案:**A。

**【解析】**Telnet 是常用的远程控制 Web 服务器的方法。

3. 从网上下载文件使用的网络服务类型是(　　)。

A. 文件传输　　　　B. 远程登录　　　　C. 信息浏览　　　　D. 电子邮件

**参考答案:**A。

【解析】文件传输将一个文件或其中的一部分从一个计算机系统传到另一个计算机系统。

4. Internet 提供的最常用、便捷的通信服务是（　　　）。

A. 文件传输（FTP）　　　　　　　　B. 远程登录（Telnet）

C. 电子邮件（E-mail）　　　　　　　D. 万维网（WWW）

**参考答案**：C。

【解析】电子邮件是使用电子手段提供信息交换的通信方式，是互联网应用最广的服务。

5. 假设邮件服务器的地址是 email. 163. com，则正确的电子邮箱地址格式是（　　　）。

A. 用户名♯email. 163. com　　　　B. 用户名@email. 163. com

C. 用户名＆email. 163. com　　　　D. 用户名＄email. 163. com

**参考答案**：B。

【解析】电子邮箱地址的格式为：＜用户标识＞@＜主机域名＞。

6. 通常，网络用户使用的电子邮箱建立在（　　　）。

A. 用户的计算机上　　　　　　　　B. 发件人的计算机上

C. ISP 的邮件服务器上　　　　　　D. 收件人的计算机上

**参考答案**：C。

【解析】ISP 是 Internet service provider 的缩写，即 Internet 服务供应商。它为用户提供 Internet 接入和 Internet 信息服务。用户使用的电子邮箱通常建在 ISP 的邮件服务器上。

7. 下列关于电子邮件的说法，正确的是（　　　）。

A. 收件人必须有 E-mail 地址，发件人可以没有 E-mail 地址

B. 发件人必须有 E-mail 地址，收件人可以没有 E-mail 地址

C. 发件人和收件人都必须有 E-mail 地址

D. 发件人必须知道收件人住址的邮政编码

**参考答案**：C。

【解析】发送一份电子邮件，必须有收件人的 E-mail 地址，发件人自己也必须有 E-mail 账户。

8. 下列关于电子邮件的叙述中，错误的是（　　　）。

A. 可以给多个用户发送电子邮件

B. 电子邮箱容量大小由提供商决定

C. 邮件服务提供商可以提供诸多 E-mail 地址，但每个邮箱名必须唯一

D. 邮件服务器在接收新邮件时，如果目标邮箱已满，则会将最早接收的邮件删除

**参考答案**：D。

【解析】当目标邮件已满时，邮件发送失败，系统会退信，不会删除早期已有邮件。

9. 在 Outlook Express 的服务器设置中，POP3 服务器是指（　　　）。

A. 邮件接收服务器　　　　　　　　B. 邮件发送服务器

C. 域名服务器　　　　　　　　　　D. WWW 服务器

**参考答案**：A。

【解析】POP3 是用于接收邮件的服务器。

10. 在 Outlook Express 的服务器设置中，SMTP 服务器是指（　　　）。

A. 邮件接收服务器　　　　　　　　B. 邮件发送服务器

C. 域名服务器                              D. WWW 服务器

**参考答案:**B。

【解析】SMTP 是一种提供可靠且有效的电子邮件传输的协议,是建立在 FTP 文件传输服务上的一种邮件服务,主要用于系统之间的邮件信息传递,并提供有关来信的通知。

11. 下面( )文件类型是最常用的 WWW 网页文件。

A. txt 或 doc         B. htm 或 html        C. gif 或 jpg         D. wav 或 midi

**参考答案:**B。

【解析】HTML 全称 hyper text markup language,即超文本标记语言。其文件后缀名为.html或.htm。HTML 文件能够被浏览器正确解析和显示,是构建和发布网页的主要格式。

12. "URL"的意思是( )。

A. 统一资源管理器                     B. Internet 协议

C. 简单邮件传输协议                  D. 传输控制协议

**参考答案:**A。

【解析】URL 即统一资源定位系统,是因特网的万维网服务程序上用于指定信息位置的表示方法。

13. 利用网络交换文字信息的非交互式服务称为( )。

A. E-mail           B. Telnet             C. WWW             D. BBS

**参考答案:**A。

【解析】电子邮件(E-mail)是指通过网络为用户提供交流的电子信息空间,既可以为用户提供发送电子邮件的功能,又能自动地为用户接收电子邮件,同时还能对收发的邮件进行存储。用户发送邮件后不需要即时响应,可以在任何时间收到回复,因此被称为非交互式服务。

## 4.2.5 网络信息安全

1. 下列叙述中,正确的是( )。

A. 计算机病毒是由光盘表面不清洁而造成的

B. 计算机病毒主要通过读写移动存储器或 Internet 网络进行传播

C. 清除病毒最简单的方法是删除已感染病毒的文件

D. 所有计算机病毒只在可执行文件中传染

**参考答案:**B。

【解析】计算机病毒主要通过移动存储介质(如 U 盘、移动硬盘)和计算机网络两大途径进行传播。

2. 下列关于计算机病毒的叙述,错误的是( )。

A. 计算机病毒具有潜伏性

B. 计算机病毒具有传染性

C. 感染过计算机病毒的计算机具有对该病毒的免疫性

D. 计算机病毒是一个特殊的寄生程序

**参考答案:**C。

【解析】计算机病毒是指编制者在计算机程序中插入的破坏计算机功能或者破坏数据，影响计算机使用并且能够自我复制的一组计算机指令或者程序代码。计算机本身对计算机病毒没有免疫性。

3. 下列关于计算机病毒的叙述，正确的是（　　）。

A. 计算机病毒会伤害计算机操作人员的身体健康

B. 计算机病毒是一种被破坏了的程序

C. 计算机病毒是一种通过自我复制进行传染的、破坏计算机程序和数据的程序

D. 计算机病毒是一种有逻辑错误的程序

参考答案：C。

【解析】计算机病毒是一种特殊的具有破坏性的计算机程序，它具有自我复制能力，可通过非授权入侵隐藏在可执行程序或数据文件中。

4. 计算机感染病毒的可能途径是（　　）。

A. 从键盘输入数据

B. 未经杀病毒软件严格审查的 U 盘上的软件

C. 使用的光盘表面不清洁

D. 携带病毒的计算机操作人员

参考答案：B。

【解析】计算机病毒的两种主要传播途径是移动存储介质（如 U 盘、移动硬盘）和计算机网络。

5. 下列叙述中，正确的是（　　）。

A. 计算机病毒只在可执行文件中传染，不执行的文件不会传染

B. 计算机病毒主要通过读/写移动存储器或 Internet 网络进行传播

C. 只要删除所有感染了病毒的文件，就可以彻底消除病毒

D. 计算机杀病毒软件可以查出和清除任意已知的和未知的计算机病毒

参考答案：B。

【解析】计算机病毒主要通过移动存储介质（如 U 盘、移动硬盘）和计算机网络两大途径进行传播。

6. 计算机病毒是指能够侵入计算机系统，并且潜伏、传播，使系统不能正常工作，具有繁殖能力的（　　）。

A. 生物病毒　　　　　　　　　　　B. 计算机指令或程序代码

C. 特殊病毒　　　　　　　　　　　D. 源程序

参考答案：B。

【解析】计算机病毒是一种特殊的具有破坏性的计算机程序，它具有自我复制能力，可通过非授权入侵而隐藏在可执行程序或数据文件中。

7. 计算机病毒主要是对（　　）。

A. 磁盘片的物理损坏

B. 磁盘驱动器的损坏

C. CPU 的损坏

D. 存储在硬盘上的程序、数据甚至系统的破坏

**参考答案：**D。

【解析】计算机病毒是一种在计算机内部自我复制的恶意软件程序。它主要通过侵入计算机系统，干扰其正常运行，导致系统崩溃、数据丢失等。

8. 下列关于计算机病毒的叙述中，正确的是（　　）。

A. 正版软件不会受到计算机病毒的攻击

B. 计算机病毒是一种特殊的计算机程序，因此数据文件中不可能携带病毒

C. 反病毒软件必须随着新病毒的出现而升级，提高查杀病毒的能力

D. 感染过计算机病毒的计算机具有对该病毒的免疫性

**参考答案：**C。

【解析】反病毒软件可以查杀病毒，但有的病毒是不会被杀死的。新的计算机病毒可能不断出现，反病毒软件是随之产生的，所以反病毒软件通常滞后于计算机新病毒的出现。

9. 为防止计算机病毒传染，应该做到（　　）。

A. 无病毒的 U 盘不要与来历不明的 U 盘放在一起

B. 不要复制来历不明 U 盘中的程序

C. U 盘要经常格式化

D. U 盘中不要存放可执行程序

**参考答案：**B。

【解析】计算机病毒主要通过移动存储介质、计算机网络进行传播。

10. 计算机病毒的危害主要有（　　）。

A. 造成计算机芯片的永久性失效

B. 使磁盘毁坏

C. 影响程序运行，破坏计算机系统的数据与程序

D. 切断计算机系统电源

**参考答案：**C。

【解析】计算机病毒是指编制者在计算机程序中插入的破坏计算机功能以及数据，影响计算机使用并且能够自我复制的一组计算机指令或者程序代码。

11. 计算机病毒（　　）。

A. 不会对计算机操作人员造成身体损害

B. 会导致所有计算机操作人员感染致病

C. 会导致部分计算机操作人员感染致病

D. 会导致部分计算机操作人员感染病毒，但不会致病

**参考答案：**A。

【解析】计算机病毒是一种特殊的具有破坏性的计算机程序，它具有自我复制能力，可通过非授权入侵隐藏在可执行程序或数据文件中。

12. 下列关于计算机病毒的叙述中，正确的是（　　）。

A. 反病毒软件可以查杀任何种类的病毒

B. 计算机病毒只感染.exe 或.com 文件

C. 反病毒软件必须随着新病毒的出现而升级，增强查杀病毒的能力

D. 感染过计算机病毒的计算机具有对该病毒的免疫性

**参考答案:**C。

【解析】计算机病毒是指编制者在计算机程序中插入的破坏计算机功能或者数据,影响计算机使用并且能够自我复制的一组计算机指令或者程序代码。除.exe 和.com 文件之外,计算机病毒可以感染多种类型的文件。新的计算机病毒不断出现,反病毒软件是随后产生的,反病毒软件通常滞后于计算机新病毒的出现。

13. 下面( )文件类型会感染宏病毒。

A. COM          B. DOCX          C. EXE          D. TXT

**参考答案:**B。

【解析】宏病毒感染文件类型主要是 Office 文件,DOCX 是 Office Word 文件,有可能感染。

14. 防火墙一般是指( )。

A. 某种特定软件          B. 某种特定硬件
C. 执行访问控制策略的一组系统          D. 一种安全防火墙

**参考答案:**C。

【解析】防火墙是指在两个网络之间执行访问控制策略的一个或一组系统。

15. 一般而言,防火墙建立在( )。

A. 每个子网的内部          B. 内部子网之间
C. 内部网络与外部网络的交叉点          D. 各外网的连接节点

**参考答案:**C。

【解析】防火墙通常建立在内部网络与外部网络的交叉点。

16. 防火墙用于将 Internet 和内部网络隔离,它是( )。

A. 防止 Internet 火灾的硬件设施
B. 抗电磁干扰的硬件设施
C. 保护网线不受破坏的软件和硬件设施
D. 保护网络安全和信息安全的软件和硬件设施

**参考答案:**D。

【解析】防火墙是一个或一组网络设备,它架在网络之间用来加强访问控制,避免一个网络受到来自另一个网络的攻击。它的作用是控制访问网络的权限,只允许特许用户访问网络。

17. 关于因特网防火墙,下列叙述中错误的是( )。

A. 为单位内部网络提供了安全边界
B. 防止外界入侵单位内部网络
C. 可以阻止来自内部的威胁与攻击
D. 可以使用过滤技术在网络层对数据进行选择

**参考答案:**C。

【解析】防火墙通常建立在内部网络与外部网络的交叉点,它由软件和硬件设备组合而成,在内部网和外部网之间、专用网与公共网之间的界面上构造保护屏障。

# 第 5 章　文字处理软件 Word 2016

**5.1　上机实验指导**

## 5.1.1　实验目的

1. 掌握 Word 2016 的基本功能、启动与退出。

2. 熟悉 Word 窗口的组成、文档视图模式的切换及不同视图的用法,并能够根据需要调整文档的显示比例。

3. 掌握文档的创建、保存、打开、关闭等操作。

4. 掌握 Word 基本编辑操作(文本的选定、插入、删除、复制、移动等)、文档的撤销/恢复以及查找和替换等操作。

5. 掌握文档的总体版面设置(如分节、纸张、页边距、页眉页脚、字符网格等)。

6. 掌握文本格式化的基本操作(如设置字体、字号、字形、下划线、边框、底纹、字符缩进、动态效果、格式刷等)。

7. 熟悉段落格式化的基本操作(如对齐方式、缩进方式、行距、段间距、项目符号与编号、分栏等)。

8. 掌握在 Word 文档中插入和编辑各种自选图形、艺术字、文本框的方法。

9. 掌握文档表格的设计[规范表格(简单表格)和自由表格(复杂表格)的制作、"表格和边框"工具栏的使用、表格修饰和表格格式化的各种方法]。

## 5.1.2　实验内容

打开"5.1 网页设计大赛.docx"文档,按照下列要求完成对此文档的操作并保存。

1. 在"页面视图"中设置页面纸张大小为"A4(21 厘米×29.7 厘米)";设置页面上、下、左、右页边距分别为 2.3 厘米、2.3 厘米、3.2 厘米和 2.8 厘米,装订线位于左侧 0.5 厘米处;每页 40 行,每行 35 字符;最后以自己的学号和姓名命名另存,如"202410102101_王小兵"。

2. 在文件菜单下进行属性信息编辑。在文档属性摘要选项卡的标题栏键入"网页设计",主题为"网页设计大赛",作者为"佚名",单位为"PTXY",添加一个关键词"网页设计"。插入内置"镶边"封面,封面文档标题、作者和公司名称分别为文档属性信息中的标题、作者和公司,公司地址为"福建省莆田市"。

3. 在页面顶端插入"空白"型页眉,利用"文档部件"在页眉内容处插入文档的"作者"信息,在页面底端插入"镶边"型页脚,并设置其中的页码编号格式为"-1-,-2-,-3-,..."，起始页码为"-2-"。

4. 将页面颜色的填充效果设置为"图案|小纸屑,前景颜色|青色、个性色 5、淡色 80%,背景颜色|橙色、个性色 2、淡色 80%",为页面添加"方框"型页面边框,并设置边框线样式为8 磅宽度的"艺术型"红苹果图案。清除页眉下方的横线,为页面添加内容为"网页设计大赛"的文字型水印,水印内容的文本格式为黑体、蓝色(标准色)。

5. 插入分页符使第七部分("七、往届回顾与影响")及其后面的文本置于下一页。将文中所有错词"网友"替换为蓝色 RGB(0,0,255)的"网民",将文中所有半角逗号","转换为全角逗号"，",将文中所有全角英文字母(不包括数字和标点符号)转换为半角英文字母;将正文中所有全角阿拉伯数字修改为半角阿拉伯数字;将文中的"<正文开始>",在不删除的情况下使其隐藏起来不被显示。

6. 将标题段文字("莆田学院")设置为二号、楷体、加粗、居中,段前间距为 1 行、段后间距为 20 磅,颜色为蓝-灰,文字 2,深色 25%;添加浅绿色(标准色)底纹;标题段文字字符宽度调整为 17 字符,并添加红色(标准色)双波浪式下划线;为标题段文字添加着重号,在标题段末尾添加脚注,脚注内容为"莆田学院(Putian University)位于福建省莆田市,是教育部卓越医生教育培养计划实施高校、硕士学位授予单位、福建省博士学位授予单位培育项目建设高校、福建省 A 类一流应用型建设高校、福建省示范性应用型本科高校、福建省首批闽台高校联合培养人才项目试点高校、全国急救教育试点单位。"。

7. 将副标题文字("《网页设计》大赛")的内容居中并设置其文字效果如下:

(1)文本填充:"渐变填充|预设渐变|径向渐变-个性色 2,类型|路径,颜色|红色(标准色)"。

(2)文本轮廓:"实线,深红色(标准色) 文本边框,宽度 1 磅"。

(3)阴影效果:设为"预设|透视|左上对角透视",阴影颜色为"青色,个性色 5,淡色 40%",模糊|6 磅,角度|20°"。

(4)发光效果:设为"发光变体|发光:8 磅,橙色,主题色 2"。

(5)映像效果:设为"预设|映像变体|全映像,4 磅偏移量:透明度 50%、大小 65%、距离 2.5 磅"。

8. 将"标题 1"样式的字体大小设为小五号,并将"八、展示才华,激发创新"设置为"标题 1"样式。新建一个样式,命名为"正文文本 4"样式并将其字体格式修改为小五号、红色(标准色)、黑体、加粗,段落格式修改为单倍行距。为所有"正文文本 4"样式的段落添加"1)、2)、3)……"样式的自动编号,将文中所有蓝色文字的段落设置为"正文文本 4"样式。

9. 将副标题"网页设计大赛"下的正文内容("莆田学院《网页设计》大赛……积极参与。")的段落格式为首行缩进 2 字符、段落 1.25 倍行距、段前间距 0.5 行、字号小五号,段中不分页(即允许其跨页显示)。

10. 设置正文"一、大赛背景与目的"下的文本内容("设计赏心,悦目的网页能……坚实的基础。")首字下沉 2 行,距正文 0.2 厘米。将正文"八、展示才华,激发创新"下的文本内容("本次网页设计大赛……成长与蜕变。")分为 14 字符宽度的等宽两栏,栏间添加分隔线。

11. 为正文"二、参赛方式及要求"下的文本内容（"本次大赛参赛人员……并提交自己的作品。"）中的"莆田学院"一词添加超链接，超链接地址为"https：//www.ptu.edu.cn"。

12. 为正文"三、参赛作品要求"下的文本内容（"原创性：参赛作品……设计出新颖、独特的网页。"）添加新定义的飞机样式项目符号（Wingdings 字体中字符代码 81），为正文"四、作品分类"下的文本内容（"个人网页设计：……的网上贺卡设计"）添加"1.，2.，3.……"样式的编号。

13. 在正文"一、大赛背景与目的"下的文本内容（"设计赏心悦目的网页能……坚实的基础。"）的下一行插入当前试题文件夹下的图片"图 5.1 网页设计.jpg"。设置图片大小缩放为不锁定纵横比；相对原始图片大小为高度 60％，宽度 60％；设置图片艺术效果为"影印|透明度|80％"；图片颜色设置为"颜色饱和度预设|300％、色调预设色温 5300K"，为图片添加 1 磅红色（标准色）实线线条边框。在图片下方添加题注"图 1：网页设计大赛"，并居中题注。

14. 在"九、往届回顾"下面插入分页符，将下面文本放置到下一页。将文中"九、往届回顾"下面的 6 行文字转换成一个 6 行 7 列的表格，表格文字设为小五号、方正姚体；表格设置为根据内容自动调整，设置表格居中，表格第 1 行和第 1 列内容的对齐方式设置为水平居中、垂直居中并加粗，其余单元格内容为中部右对齐。设置表格行高为 0.7 厘米，第 1～4 列的列宽分别为 1.5 厘米、3 厘米、2 厘米、2 厘米，所有单元格的左、右边距均为 0.21 厘米。

15. 在表格顶添加表标题"表 1 2023 年网页设计决赛"，并将其设置为小二号、华文彩云、加粗、居中，字体颜色自定义，颜色模式为 HSL，其中色调 5、饱和度 221、亮度 136。在表标题行末尾插入尾注，尾注内容为"作品名称建议：比赛的作品名称尽量体现作品的核心创意或特点"（图 5-1）。

| 姓名 | 作品名称 | 主题明确 | 创意 | 视觉美感 | 音乐及音效 | 技术难度 |
|---|---|---|---|---|---|---|
| 张伟 | 《创意无限》 | 28 | 28 | 18 | 8 | 9 |
| 立方 | 《梦想启航》 | 26 | 28 | 17 | 7 | 8 |
| 马磊 | 《未来视界》 | 24 | 26 | 16 | 8 | 9 |
| 朱莉 | 《色彩斑斓》 | 23 | 29 | 18 | 8 | 9 |
| 郑流 | 《智能导航》 | 28 | 25 | 15 | 7 | 8 |

图 5-1　表格效果（1）

16. 设置表格第 1 行"重复标题行"，在表格最后一行下方添加一行，合并新增行的第 1～7 列单元格，并输入文字"平均得分"。在表格右侧插入一空列，在该列第 1 行的单元格中输入列标题"合计"，其余各单元格中填入该行各单元格数据的总和（利用表格工具中的公式），计算好后将刚刚新建的行和列水平、垂直居中。除最后一行外，按"合计"列依据"数字"类型对表格降序排序。如图 5-2 所示。

表丨2023 年网页设计决赛

| 姓名 | 作品名称 | 主题明确 | 创意 | 视觉美感 | 音乐及音效 | 技术难度 | 合计 |
|---|---|---|---|---|---|---|---|
| 张伟 | 《创意无限》 | 28 | 28 | 18 | 8 | 9 | 91 |
| 朱莉 | 《色彩斑斓》 | 23 | 29 | 18 | 8 | 9 | 87 |
| 立方 | 《梦想启航》 | 26 | 28 | 17 | 7 | 8 | 86 |
| 马磊 | 《未来视界》 | 24 | 26 | 16 | 9 | 9 | 84 |
| 郑浩 | 《智能导航》 | 28 | 25 | 15 | 7 | 8 | 83 |
| 平均得分 | | | | | | | 86.2 |

图 5-2　表格效果(2)

17. 设置表格外框线和第 1、2 行间的内框线为红色(标准色)0.75 磅双窄线,其余内框线为红色(标准色)0.5 磅单实线,删除表格左右两侧的外框线,设置表格底纹颜色为主题颜色"橙色,个性色 2,淡色 60%"。用内置主题边框样式"双实线,1/2pt,着色 2"修饰表格倒数第 1、2 行间的内框线(图 5-3)。

表丨2023 年网页设计决赛

| 姓名 | 作品名称 | 主题明确 | 创意 | 视觉美感 | 音乐及音效 | 技术难度 | 合计 |
|---|---|---|---|---|---|---|---|
| 张伟 | 《创意无限》 | 28 | 28 | 18 | 8 | 9 | 91 |
| 朱莉 | 《色彩斑斓》 | 23 | 29 | 18 | 8 | 9 | 87 |
| 立方 | 《梦想启航》 | 26 | 28 | 17 | 7 | 8 | 86 |
| 马磊 | 《未来视界》 | 24 | 26 | 16 | 9 | 9 | 84 |
| 郑浩 | 《智能导航》 | 28 | 25 | 15 | 7 | 8 | 83 |
| 平均得分 | | | | | | | 86.2 |

图 5-3　表格效果(3)

将文中最后 3 段("机电与信息工程学院……2024 年 01 月 01 日")右居中对齐后保存文档。

## ▌5.1.3 实验步骤

**第 1 小题:**

步骤 1:打开"5.1 网页设计大赛.docx"文档,切换到"页面视图"。

步骤 2:单击"布局"选项卡,在"页面设置"组中,选择纸张大小为"A4(21 厘米×29.7 厘米)"。

步骤 3:同样在"页面设置"组中,分别设置上、下、左、右页边距为 2.3 厘米、2.3 厘米、3.2 厘米、2.8 厘米,装订线位置为左侧 0.5 厘米,如图 5-4 所示。单击"文档网格"选项卡,设置每页

40 行,每行 35 字符,如图 5-5 所示。另存为自己的学号和姓名,如"202410102101_王小兵"。

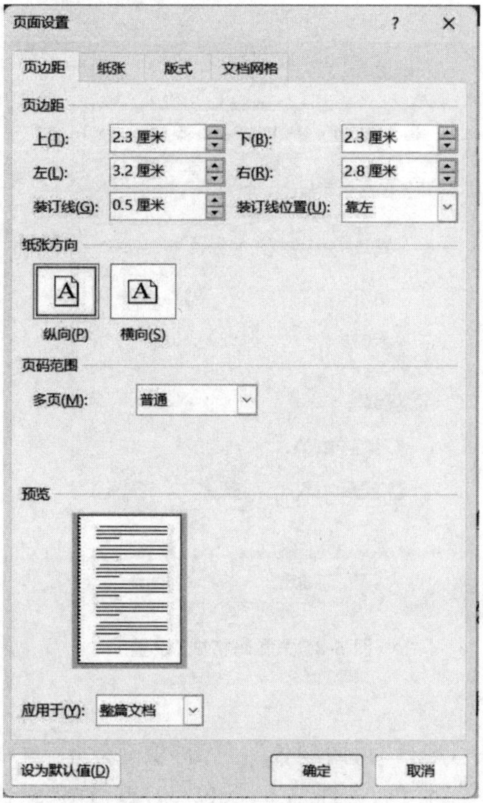

图 5-4 "页边距"设置

图 5-5 "文档网络"设置

**第 2 小题:**

步骤 1:单击"文件"菜单,选择"信息"。在右侧的"属性"中,单击"高级属性"。在"摘要"选项卡的标题栏键入"网页设计",主题为"网页设计大赛",作者为"佚名",单位为"PTXY",添加一个关键词"网页设计",如图 5-6 所示。

步骤 2:回到文档,单击"插入"选项卡,选择"封面",插入内置"镶边"封面。在封面文档中,标题、作者和公司名称会分别自动填写为文档属性信息中的标题、作者和公司,在公司地址手动填写为"福建省莆田市"。

**第 3 小题:**

步骤 1:单击"插入"选项卡,在"页眉和页脚"组中,选择"页眉",插入"空白"型页眉。单击"文档部件",选择"文档属性",在"文档属性"中选择"作者",插入作者信息,如图 5-7 所示。

步骤 2:单击"转至页脚",插入"镶边"型页

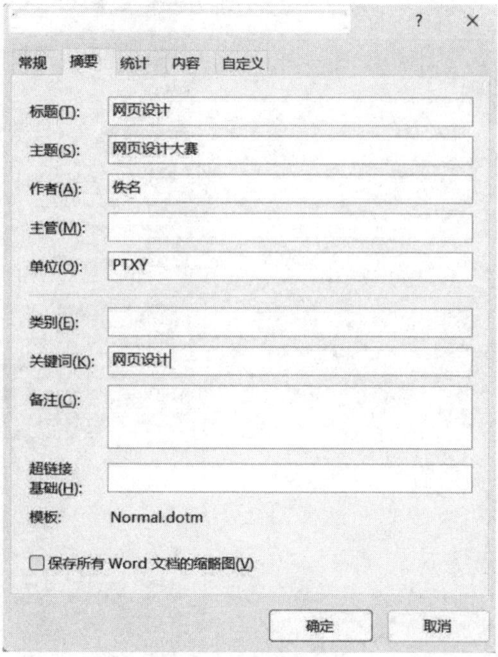

图 5-6 "摘要"选项卡

脚。单击"页码",选择"设置页码格式",将"编号格式"设置为"-1-,-2-,-3-,…",起始页码设置为"-2-",如图 5-8 所示。

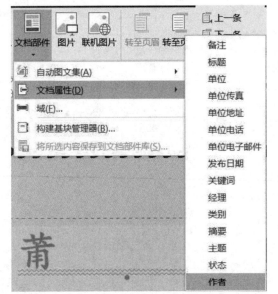

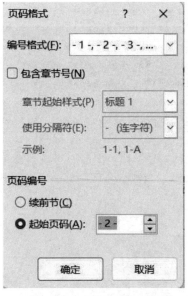

图 5-7　插入"文档部件"　　　　图 5-8　"页码格式"设置

**第 4 小题：**

步骤 1：单击"设计"选项卡，在"页面背景"组中，选择"页面颜色"，单击"填充效果"。在"图案"选项卡中，选择"小纸屑"图案，前景颜色选择"青色、个性色 5、淡色 80％"，背景颜色选择"橙色、个性色 2、淡色 80％"，如图 5-9 所示。

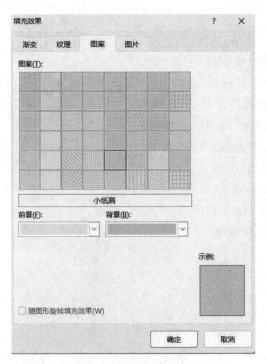

图 5-9　"图案"选项卡

步骤 2：回到"页面背景"组，选择"页面边框"，在"边框和底纹"对话框中，选择"方框"型边框，边框线样式选择 8 磅宽度的"艺术型"红苹果图案，如图 5-10 所示。

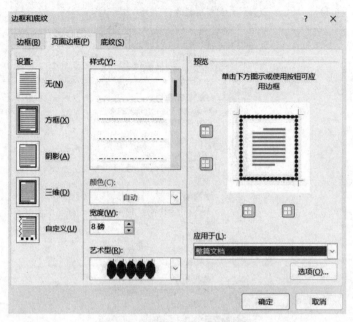

**图 5-10 "边框和底纹"对话框**

步骤 3：双击页眉区域，进入页眉编辑状态，选中页眉下方的横线，按"Delete"键删除（若无法删除，也可以鼠标单击页眉文字右侧，按 Shift ＋→，然后单击"段落"选项卡中的"边框"，设置为"无框线"），如图 5-11 所示。在"页面背景"组中，选择"水印"，在"文字水印"中输入"网页设计大赛"，字体设置为黑体，颜色设置为蓝色（标准色），如图 5-12 所示。

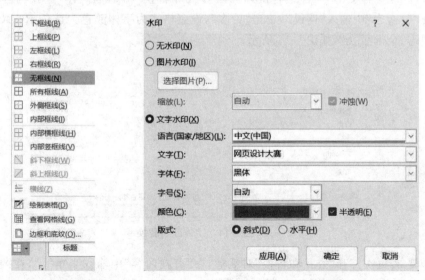

**图 5-11 "无框线"设置**　　　　　**图 5-12 "水印"对话框**

**第 5 小题：**
步骤 1：将光标定位到第七部分（"七、往届回顾与影响"）的开头，单击"页面布局"选项卡,选择"分隔符",插入"分页符",如图 5-13 所示。

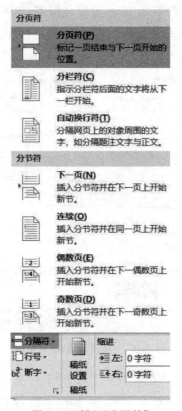

图 5-13　插入"分页符"

步骤 2:按下"Ctrl＋H"组合键,打开"查找和替换"对话框。在"查找内容"中输入"网友",在"替换为"中输入"网民",单击"更多",设置格式为字体颜色为蓝色 RGB(0,0,255),然后单击"全部替换",如图 5-14 所示。

图 5-14　字体颜色替换

步骤 3:再次打开"查找和替换"对话框,在"查找内容"中输入半角",",在"替换为"中输入全角",",单击"全部替换",如图 5-15 所示。

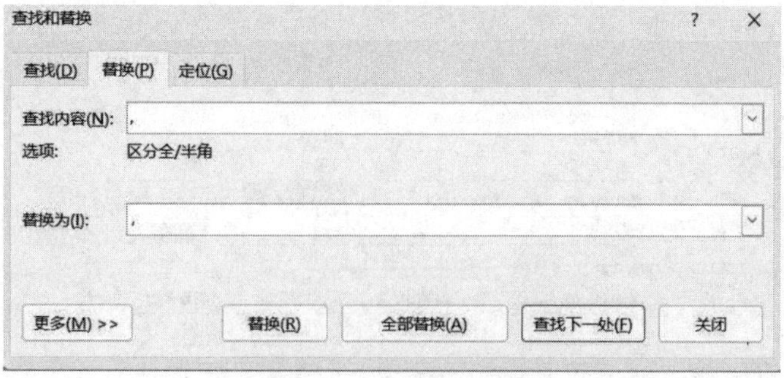

图 5-15　半角全角替换

步骤 4：打开"查找"中的"高级查找"对话框，在"查找内容"中输入"＾＄"，在"在以下项中查找"中选择"主文档"，如图 5-16 所示。选中之后关闭对话框，然后在"开始"选项卡的"字体"面板中"更改大小写"选择"半角"，完成替换，如图 5-17 所示。

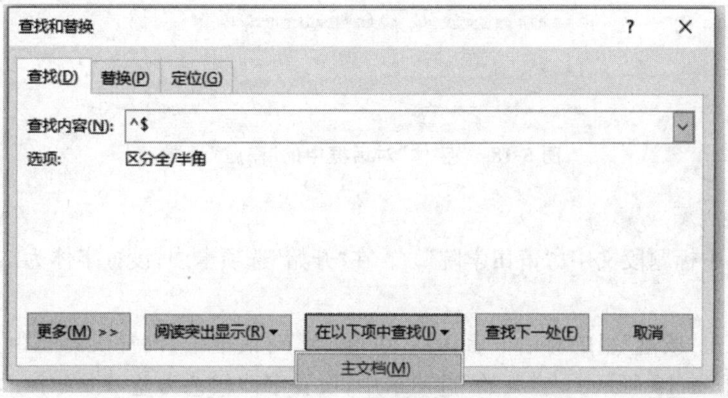

图 5-16　高级查找

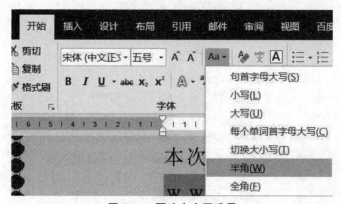

图 5-17　更改大小写设置

步骤 5：再次打开"查找"中的"高级查找"对话框，在"查找内容"中输入"＾＃"，在"在以下项中查找"中选择"主文档"，选中之后关闭对话框，然后在"开始"选项卡的"字体"面板中"更改大小写"选择"半角"，完成替换。

步骤 6：选中"＜正文开始＞"，单击"字体"对话框中的"隐藏"复选框隐藏文字，如图5-18所示。

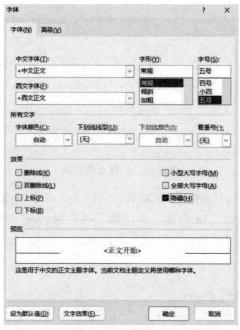

**图 5-18** "字体"对话框中的"隐藏"设置

**第 6 小题：**

步骤 1：选中标题段文字（"莆田学院"）。在"开始"选项卡中，设置字体为二号、楷体、加粗、居中。

步骤 2：单击"段落"组的对话框启动器，在"段落"对话框中，设置段前间距为 1 行，段后间距为 20 磅，如图 5-19 所示。在"开始"选项卡中，设置字体颜色为蓝-灰，文字 2，深色 25％。

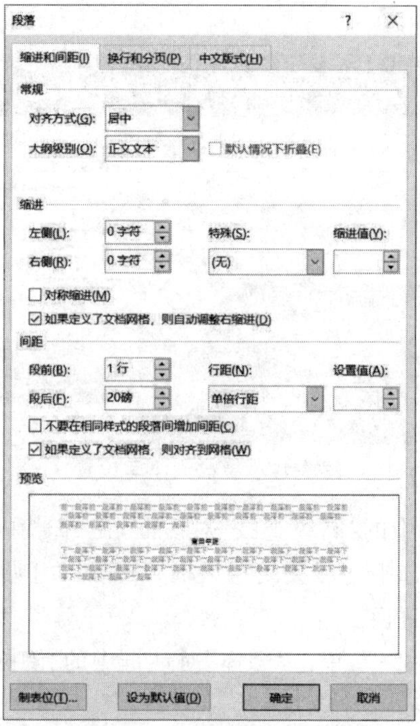

**图 5-19** "段落"设置对话框

步骤 3：单击"底纹"按钮，选择浅绿色(标准色)底纹，如图 5-20 所示。

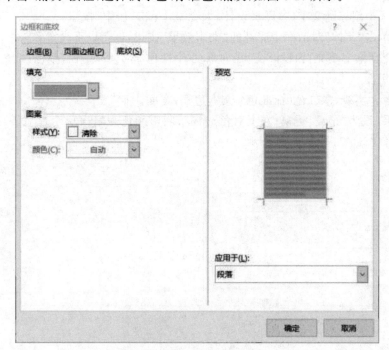

图 5-20　"底纹"选项卡

步骤 4：单击"段落"对话框中的"调整宽度"选项卡，将字符宽度调整为 17 字符，如图 5-21 所示。单击"字体"对话框中，并添加红色(标准色)双波浪式下划线，并添加着重号。

步骤 5：单击"引用"选项卡，选择"插入脚注"，在脚注内容中输入"莆田学院（Putian University）位于福建省莆田市，是教育部卓越医生教育培养计划实施高校、硕士学位授予单位、福建省博士学位授

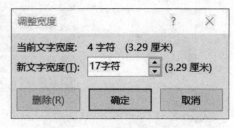

图 5-21　"调整宽度"对话框

予单位培育项目建设高校、福建省 A 类一流应用型建设高校、福建省示范性应用型本科高校、福建省首批闽台高校联合培养人才项目试点高校、全国急救教育试点单位。"，如图 5-22 所示。

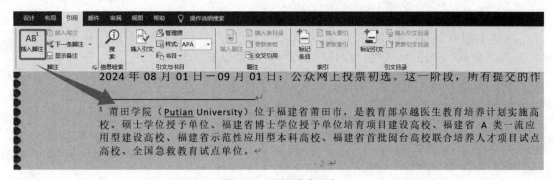

图 5-22　"引用"选项卡

**第 7 小题：**

步骤 1：选中副标题文字（"《网页设计》大赛"），单击"居中"按钮。

步骤 2：单击"字体"对话框中底部的"文本效果"按钮，进行以下设置：

文本填充："渐变填充|预设渐变|径向渐变-个性色 2，类型|路径，颜色|红色（标准色）"，如图 5-23 所示。

文本轮廓："实线，深红色（标准色）文本边框，宽度 1 磅"。

阴影效果：设为"预设|透视|左上对角透视"，阴影颜色为"青色，个性色 5，淡色 40％"，模糊|6 磅，角度|20°"，如图 5-24 所示。

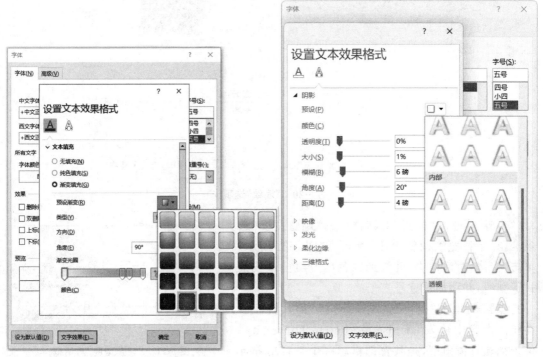

图 5-23　渐变填充设置　　　　　　　　　图 5-24　阴影效果设置

发光效果：设为"发光变体|发光：8 磅，橙色，主题色 2"，如图 5-25 所示。

映像效果：设为"预设|映像变体|全映像，4 磅 偏移量：透明度 50％、大小 65％、距离 2.5 磅"，如图 5-26 所示。

**第 8 小题：**

步骤 1：打开"样式"组，修改"标题 1"样式中的字号为小五号，保存设置。选中"八、展示才华，激发创新"，应用"样式"组中的"标题 1"样式，如图 5-27 所示。

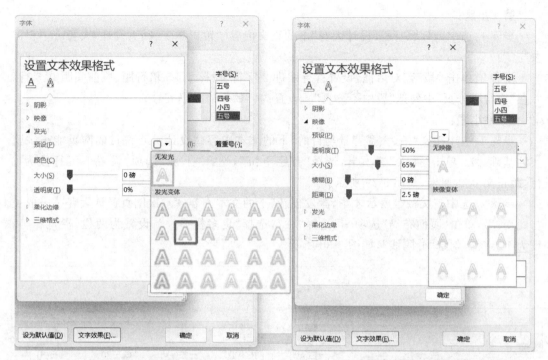

图 5-25　发光效果设置　　　　　　　　　　图 5-26　映像效果设置

步骤 2：选中蓝色文字区域后，新建样式"正文文本 4"，设置字体格式为小五号、红色（标准色）、黑体、加粗，段落格式为单倍行距。单击"段落"组中的"编号"按钮，选择"1）、2）、3）……"样式的自动编号。将所有蓝色文字的段落应用"正文文本 4"样式，如图 5-28 所示。

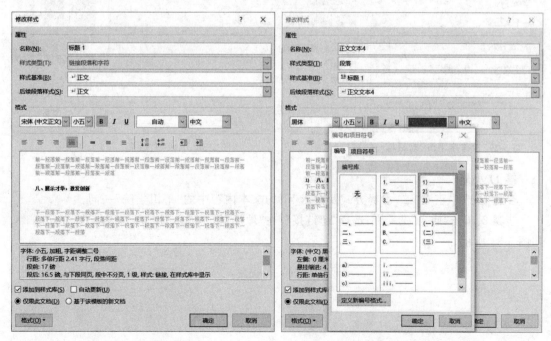

图 5-27　"标题 1"样式　　　　　　　　　　图 5-28　"正文文本 4"样式

**第 9 小题：**

步骤 1：选中副标题"网页设计大赛"下的正文内容（"莆田学院《网页设计》大赛……积极参与。"）。

步骤 2：单击"段落"对话框，设置首行缩进 2 字符、段落 1.25 倍行距、段前间距 0.5 行，并在"换行和分页"中勾选"段中不分页"。设置内容的字号为小五号。

**第 10 小题：**

步骤 1：选中正文"一、大赛背景与目的"下的文本内容（"设计赏心悦目的网页能……坚实的基础。"），单击"插入"选项卡，选择"首字下沉"，选择"下沉"选项，设置下沉行数为 2 行，距正文 0.2 厘米，如图 5-29 所示。

步骤 2：选中正文"八、展示才华，激发创新"下的文本内容（"本次网页设计大赛……成长与蜕变。"），单击"页面布局"选项卡，选择"栏"，选择"更多栏……"，设置为两栏，栏宽相等，设为 14 字符，勾选"分隔线"，如图 5-30 所示。

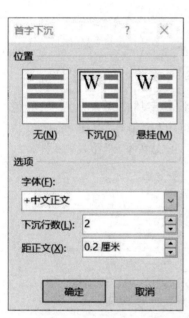

图 5-29 "首字下沉"对话框

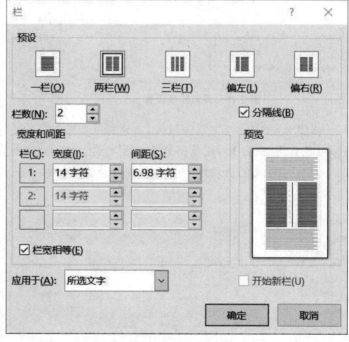

图 5-30 "栏"对话框

**第 11 小题：**

步骤 1：选中正文"二、参赛方式及要求"下的文本内容中的"莆田学院"一词。

步骤 2：单击"插入"选项卡，选择"超链接"，在"地址"栏中输入"https://www.ptu.edu.cn"，如图 5-31 所示。

图 5-31 "插入超链接"对话框

**第 12 小题:**

步骤 1:选中正文"三、参赛作品要求"下的文本内容("原创性:参赛作品……设计出新颖、独特的网页。"),单击"开始"选项卡,在"段落"组中,选择"项目符号",自定义项目符号为 Wingdings 字体中字符代码 81 ,如图 5-32 所示。

图 5-32 "符号"对话框

步骤 2:选中正文"四、作品分类"下的文本内容("个人网页设计:……的网上贺卡设计"),单击"开始"选项卡,在"段落"组中,选择"编号",选择"1.,2.,3.……"样式的编号,如图 5-33 所示。

**第 13 小题:**

步骤 1:将光标置于"一、大赛背景与目的"下的文本内容("设计赏心悦目的网页能……坚实的基础。")后的下一行。

步骤 2:单击"插入"选项卡,选择"图片",找到当前试题文件夹下的"图 5.1 网页设计.jpg"并插入。

步骤 3:选中图片,右键选择"大小和位置"菜单,在"布局"对话框中,取消"锁定纵横比"

的勾选,将高度和宽度均设置为原始图片大小的 60％,如图 5-34 所示。

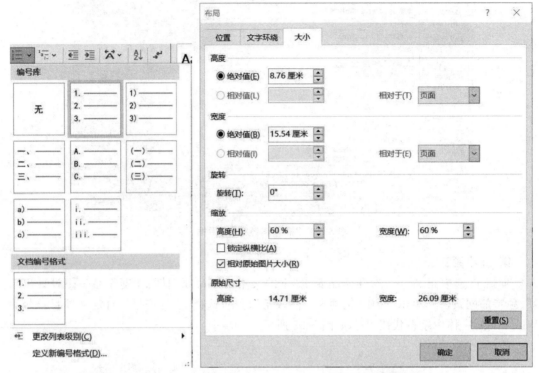

图 5-33 "项目编号"对话框    图 5-34 "布局"对话框

步骤 4:选中图片,右键单击选择"设置图片格式"菜单,在"艺术效果"中选择"影印|透明度|80％",如图 5-35 所示。在"颜色"设置中进行"颜色饱和度预设|300％、色调预设色温5300K"的调整,如图 5-36 所示。

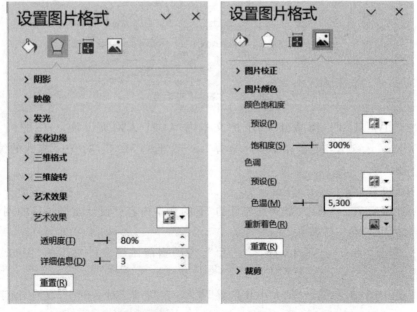

图 5-35 艺术效果设置    图 5-36 图片颜色设置

步骤 5：为图片添加 1 磅红色(标准色)实线线条边框。

步骤 6：选择"引用"选项卡，选择"插入题注"，在图片下方添加题注"图 1：网页设计大赛"，并居中题注，如图 5-37 所示。

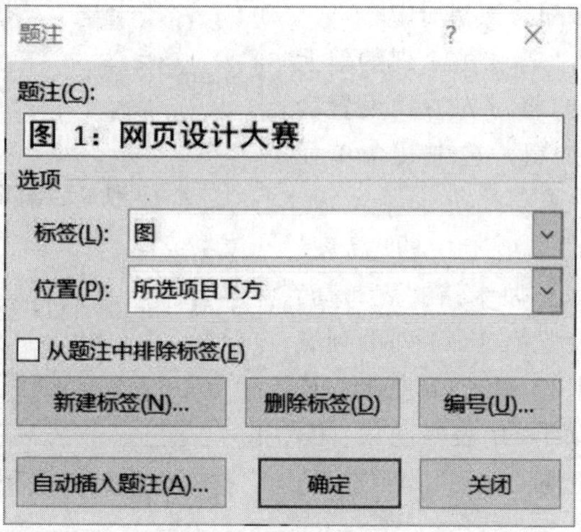

图 5-37　"题注"对话框

**第 14 小题：**

步骤 1：在"九、往届回顾"下面插入分页符，将下面文本放置到下一页。

步骤 2：选中文中"九、往届回顾"下面的 6 行文字。单击"插入"选项卡中的"表格"，选择"将文字转换成表格"。在弹出的对话框中，行数设置为 6，列数设置为 7，文字分隔位置为制表符，如图 5-38 所示。

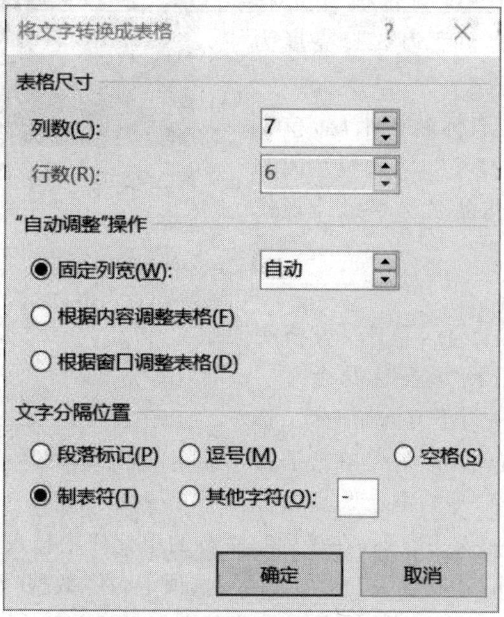

图 5-38　"将文字转换成表格"对话框

步骤 3：选中表格，在"开始"选项卡中，将字体设置为小五、方正姚体。右键单击表格，选择"自动调整"，设置为"根据内容自动调整"，单击"段落"组中的"居中"按钮将表格居中。

步骤 4：选中表格第 1 行和第 1 列的单元格，在"表布局"选项卡中，将对齐方式设置为水平居中、垂直居中并加粗。选中其余单元格，将对齐方式设置为中部右对齐。

步骤 5：在"表布局"选项卡中的"高度"中，将表格行高设置为 0.7 厘米；在"表布局"选项卡中的"宽度"中，设置第 1～4 列的列宽分别为 1.5 厘米、3 厘米、2 厘米、2 厘米。选中表格，在"表布局"选项卡的"表格选项"中，所有单元格的左、右边距均设置为 0.21 厘米，如图 5-39 所示。

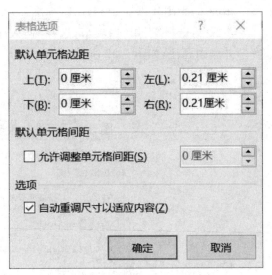

图 5-39 "表格选项"对话框

**第 15 小题：**

步骤 1：在表格上方一行输入"表 1 2023 年网页设计决赛"。

步骤 2：选中表标题，在"开始"选项卡中，将字体设置为小二号、华文彩云、加粗，并居中表标题。单击字体颜色下拉菜单，选择"其他颜色"，在"自定义"选项卡中，颜色模式选择"HSL"，色调设置为 5，饱和度为 221，亮度为 136，如图 5-40 所示。

步骤 3：将光标置于表标题行末尾，单击"引用"选项卡中的"插入尾注"，输入尾注内容"作品名称建议：比赛的作品名称尽量体现作品的核心创意或特点"。

**第 16 小题：**

步骤 1：选中表格第 1 行，单击"表格工具"中的"布局"选项卡，选择"重复标题行"。

步骤 2：在表格最后一行下方添加一行。选中新增行的第 1～7 列单元格，右键单击选择"合并单元格"，并输入文字"平均得分"。

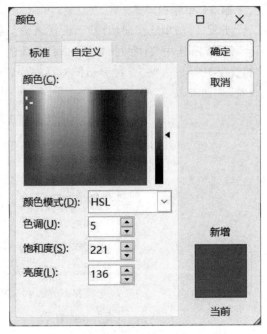

图 5-40 "颜色"对话框

步骤 3：在表格右侧插入一空列，在该列第 1 行的单元格中输入列标题"合计"。选中"合计"列的其余单元格，单击"表格工具"中的"布局"选项卡，在"数据"组中单击"公式"，在弹出的对话框中选择"求和"函数，分别计算各行各单元格数据的总和（也可以复制第 1 行的计算结果，其余行直接粘贴，粘贴完毕，按下 F9 即可刷新结果），如图 5-41 所示。最后一行平均得分需要单独计算，平均得分的计算公式如图 5-42 所示。最后，单击"表格工具"中的"布局"选项卡的"对齐方式",将最后一行和最后一列的行和列设为水平、垂直居中。

图 5-41　"公式"对话框　　　　　　　　　　图 5-42　"平均得分"计算公式

步骤 4：选中除最后一行外的表格内容,单击"数据"选项卡中的"排序",在弹出的对话框中,主要关键字选择"合计"列,类型选择"数字",排序方式选择"降序",如图 5-43 所示。

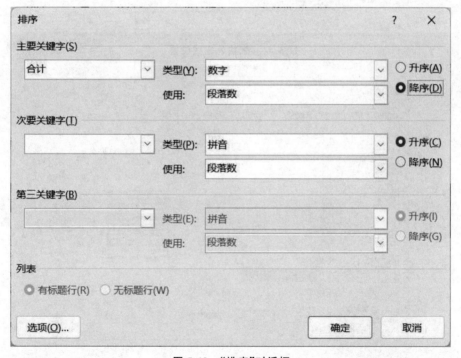

图 5-43　"排序"对话框

**第 17 小题：**

步骤 1：选中表格,在"设计"选项卡中,单击"边框"下拉菜单,选择"边框和底纹"。

步骤 2：在"边框"选项卡中,将表格外框线和第 1、2 行间的内框线设置为红色(标准色) 0.75 磅双窄线,如图 5-44 和图 5-45 所示。其余内框线设置为红色(标准色)0.5 磅单实线, 并删除表格左右两侧的外框线,如图 5-46 所示。

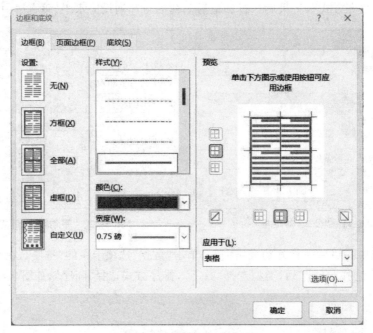

图 5-44　表格外框线设置

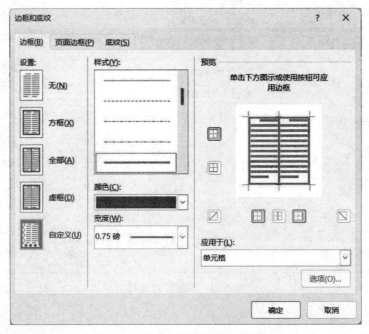

图 5-45　第 1、2 行间的内框线设置

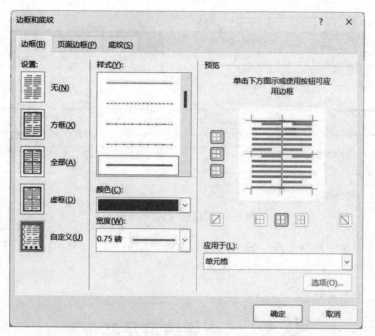

**图 5-46　表格框线设置**

步骤 3：在"底纹"选项卡中，选择主题颜色"橙色，个性色 2，淡色 60％"作为表格底纹颜色，如图 5-47 所示。

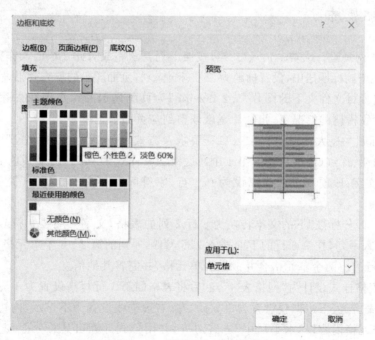

**图 5-47　"底纹"选项卡设置**

步骤 4：在"设计"选项卡中，在"边框"下拉菜单中选择内置主题边框样式"双实线，1/2pt，着色 2"，如图 5-48 所示，对表格倒数第 1、2 行间的内框线进行修饰。

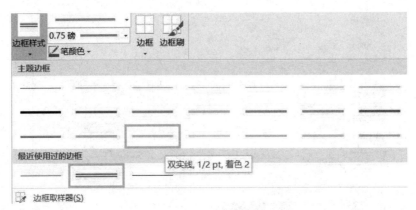

**图 5-48** "边框样式"选项卡

步骤 5：选中文中最后 3 段（"机电与信息工程学院……2024 年 01 月 01 日"）并右居中。

步骤 6：单击"文件"选项卡，选择"保存"。

# 5.2 拓展练习及其步骤

## 5.2.1 拓展练习

打开"5.2 网页设计大赛.docx"文档，按照下列要求完成对此文档的操作并保存。

1. 将标题与副标题居中，设置标题为二号、楷体。将页面颜色的填充效果设置为"纹理｜羊皮纸"，用当前素材文件夹下的图片"5.2 mz.jpg"为页面添加图片水印并去除"冲蚀"效果，在不改变图片纵横比的情况下，将图片宽度调整到与页面等宽。

2. 将小标题"一、大赛说明"、"二、参赛要求及方式"……"七、奖项设置"等字体设置为黑体、四号、加粗、深红（标准色左起第 1 个）；底纹图案样式为 10%，图案颜色 RGB(84,141,212)，应用于文字；段前和段后距离设为 0.5 行，字符间距加宽 1.2 磅。（提示：掌握"格式刷"的应用）

3. 将"六、评分标准"下的文本转换为 6 行 2 列的表格，文字分隔位置符号为";"。在第 1 列的左侧插入一列，在第 6 行的下面插入一行，将第一列的第 2～6 个单元格合并成一个单元格，将第 7 行的前两个单元格合并成一个单元格，并完善其他信息。

4. 整个表格样式设计为"网格表 4"，然后将表格的第 1 行行高设置为 1 厘米，其他行高度默认，整个表格上、下边框线设置为 1.5 磅，左、右边框线设置为不显示，内边框为 1.0 磅。最后将所有单元格内容以"水平居中"方式对齐，并用公式计算出其总分值。生成的表格如图 5-49 所示。

| 姓　名 | 评 分 标 准 | 得　分 |
|:---:|:---:|:---:|
| 例：张三↵ | 主 题 明 确 （ 3 0 ）↵ | 27↵ |
| | 创 意 （ 3 0 ）↵ | 27↵ |
| | 视 觉 美 感 （ 2 0 ）↵ | 17↵ |
| | 音 乐 及 音 效 （ 1 0 ）↵ | 9↵ |
| | 技 术 难 度 （ 1 0 ）↵ | 9↵ |
| 总 分↵ | | 89↵ |

**图 5-49**　**生成的表格**

5. 在正文末尾下方插入艺术字"计算机基础",艺术字样式为"填充：茶色,背景 2；内部阴影"(第 3 行第 5 列),形状样式为"彩色填充-橙色,强调颜色 6"(第 2 行第 7 列)；字体设置为宋体、36 号；文字环绕为"穿越型,两边",位置为"水平居中(相对于栏)"。

6. 为标题"莆田学院"插入批注,内容为"位于福建东南沿海、神妈祖故乡",并设置为不显示批注。

7. 在"计算机基础"的艺术字之下绘制一个正方形,填充纹理"水滴",并在此正方形中绘制一个圆,填充纹理"鱼类化石",无外框线条。然后将两个图形组合成一个整体。最后在图形的下方插入一个文本框,并在文本框中输入文字"绘制图形示例",设置文本框格式为"无线条"。

8. 在文章末尾插入名称为"5.2 mz.jpg"的图片,缩放高度和宽度设为 15％,环绕方式设为"四周型|两边",移动到最末尾,然后为图片插入一个椭圆形标注,并添加文字"海神妈祖像"。

9. 在正文和标题间绘制一条预设渐变为"浅色渐变-个性色 2"的 4.5 磅水平线,其他默认。

10. 保存文档。

## 5.2.2　拓展练习步骤

**第 1 小题：**

步骤 1：选中标题与副标题将其居中,设置标题为二号、楷体。

步骤 2：单击"设计"选项卡,在"页面背景"组中选择"页面颜色"。在弹出的菜单中单击"填充效果",选择"纹理"选项卡中的"羊皮纸",如图 5-50 所示。在"页面背景"组中选择"水印",单击"自定义水印",选择图片,插入"5.2 mz.jpg"图片,设置宽度为 100％,取消"冲蚀"效果,如图 5-51 所示。

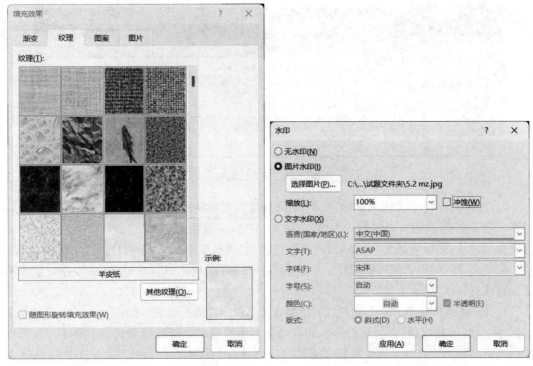

图 5-50 "填充效果"对话框　　　　　图 5-51 "水印"对话框

**第 2 小题:**

步骤 1:选中小标题"一、大赛说明"。

步骤 2:在"开始"选项卡中,将字体设置为黑体、四号、加粗,颜色设置为深红(标准色左起第 1 个)。

步骤 3:单击"边框和底纹"对话框,在"底纹"选项卡中,图案样式选择 10%,图案颜色设置为 RGB(84,141,212),应用于文字,如图 5-52 所示。

图 5-52 "底纹"选项卡

步骤 4:在"段落"组中,设置段前和段后距离为 0.5 行,单击"字体"组中的"字符间距",加宽 1.2 磅,如图 5-53 所示。

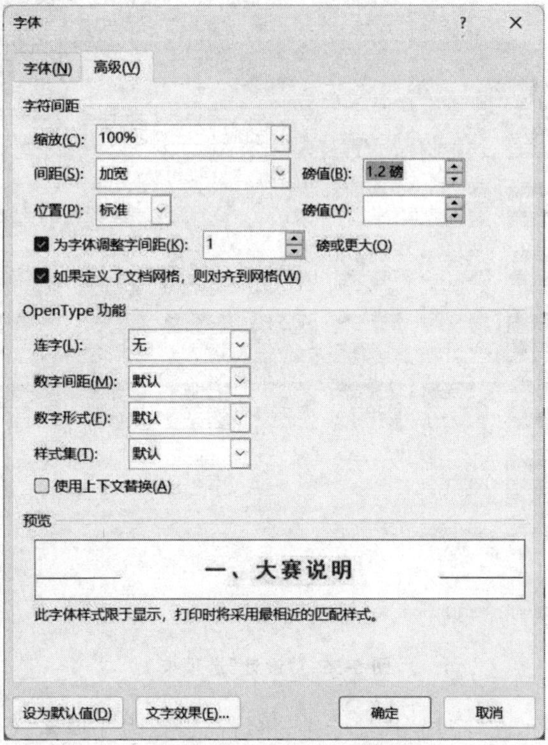

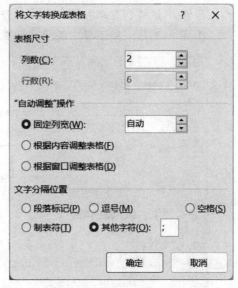

**图 5-53　字符间距设置**

步骤 5:选中设置好格式的小标题,双击"格式刷",然后刷选"二、参赛要求及方式"至"七、奖项设置"。

**第 3 小题:**

步骤 1:选中"六、评分标准"下的文本。

步骤 2:单击"插入"选项卡中的"表格",选择"将文字转换成表格","文字分隔位置"选择其他字符";",将其转换为 6 行 2 列的表格,如图 5-54 所示。

步骤 3:在第 1 列的左侧插入一列,在第 6 行的下面插入一行。

步骤 4:选中第 1 列的第 2～6 个单元格,右键单击选择"合并单元格",将第 7 行的前两个单元格合并成一个单元格,并完善其他信息。

**图 5-54　"将文字转换成表格"对话框**

**第 4 小题:**

步骤 1:选中整个表格。

步骤 2:在"设计"选项卡的"表格样式"中选择"网格表 4",如图 5-55 所示。

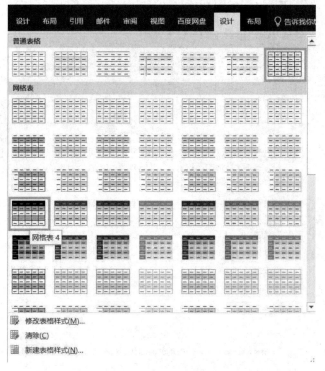

**图 5-55　"设计"选项卡**

步骤 3：选中第 1 行，在"布局"选项卡中，将行高设置为 1 厘米。

步骤 4：在"边框和底纹"的"边框"组中，将表格的上、下边框线设置为 1.5 磅，左、右边框线设置为不显示，内边框设置为 1.0 磅，如图 5-56 所示。

步骤 5：选中所有单元格，单击"对齐方式"中的"水平居中"。

步骤 6：利用表格工具中的公式计算总分值，如图 5-57 所示。

**图 5-56　"边框和底纹"对话框**　　　　　**图 5-57　"公式"对话框**

**第 5 小题：**

步骤 1：在正文末尾单击"插入"选项卡，选择"艺术字"，艺术字样式为"填充：茶色，背景 2；内部阴影"（第 3 行第 5 列），艺术字内容为"计算机基础"。

步骤 2：选中艺术字，在"格式"选项卡中，形状样式选择"彩色填充-橙色，强调颜色 6"（第 2 行第 7 列），字体设置为宋体、36 号。

步骤 3：右键选中艺术字，选择"其他布局"菜单项，在"布局"对话框中选择"文字环绕"为"穿越型，两边"，位置为"水平居中（相对于栏）"，如图 5-58 所示。

**图 5-58　"布局"对话框**

**第 6 小题：**

步骤 1：选中标题"莆田学院"。

步骤 2：单击"审阅"选项卡中的"新建批注"，输入内容"位于福建东南沿海、神妈祖故乡"。

步骤 3：再次单击"审阅"选项卡，选择"显示批注"使其处于不勾选状态，不显示批注。

**第 7 小题：**

步骤 1：在"计算机基础"的艺术字的下方，单击"插入"选项卡，选择"形状"，绘制一个正方形，填充纹理选择"水滴"。

步骤 2：在正方形中绘制一个圆，填充纹理选择"鱼类化石"，将圆设为"无线条"，去掉外框线条。

步骤 3：同时选中正方形和圆，右键单击选择"组合"。

步骤 4:再次单击"插入"选项卡,选择"文本框",在图形下方插入文本框,并输入文字"绘制图形示例"。选中文本框,将文本框设为"无线条",去掉外框线条。

**第 8 小题:**

步骤 1:光标移动到正文末尾,单击"插入"选项卡,选择图片,插入"5.2 mz.jpg"图片,右键单击图片设置图片的大小与位置,缩放高度和宽度设为 15%,环绕方式设为"四周型|两边"。

步骤 2:选中图片,单击"插入"选项卡,选择"形状",选择"标注"里面的"对话气泡:椭圆形",在标注中添加文字"海神妈祖像"。如图 5-59 所示。

**第 9 小题:**

步骤 1:将光标置于正文和标题间。

步骤 2:单击"插入"选项卡,选择"形状",绘制一条水平线。

步骤 3:右键选中水平线,在"设置形状格式"选项卡中,线条颜色选择预设渐变为"浅色渐变-个性色 2",磅值设置为4.5 磅。

**第 10 小题:**

单击"文件"选项卡,选择"保存"。

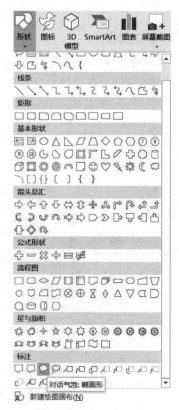

图 5-59 "标注"选项卡

# 5.3 习题及其解析

1. 在 Word 2016 的文本行当中按一次回车键,将( )。

A. 这一行删除　　　　　　　　　　B. 这一行分成两行

C. 这一段文本分成两段　　　　　　D. 选定这一行

**参考答案:**C。

**【解析】**Word 文本中段落以回车换行符为标志。

2. 在 Word 2016 中执行"替换"命令,在"查找内容"中输入相应查找内容,但在"替换"框内未输入任何内容,单击"全部替换"命令按钮,将( )。

A. 不做任何操作

B. 只能查找,不做任何替换

C. 把所查找的内容全部删除

D. 每查找到一个,弹出询问用户对话框,让用户指定替换什么

**参考答案:**C。

**【解析】**在"查找内容"中输入相应查找内容,但在"替换"框内未输入任何内容,则是将查找的内容替换为空,即把所查找的内容全部删除。

3. 段落的标记是由输入(　　)产生的。

A. Shift 键　　　　　　　B. Enter 键　　　　　　C. Shift＋Enter　　　　D. 分页符

**参考答案:** B。

【解析】Word 文本中段落以回车换行符为标志。

4. "剪切"的快捷键是(　　)。

A. Ctrl＋V　　　　　　　B. Ctrl＋Z　　　　　　C. Ctrl＋C　　　　　　D. Ctrl＋X

**参考答案:** D。

【解析】Ctrl＋V 是粘贴的快捷键,Ctrl＋Z 是撤销的快捷键,Ctrl＋C 是复制的快捷键, Ctrl＋X 是剪切的快捷键。

5. "复制"的快捷键是(　　)。

A. Ctrl＋A　　　　　　　B. Ctrl＋F　　　　　　C. Ctrl＋C　　　　　　D. Ctrl＋X

**参考答案:** C。

【解析】Ctrl＋A 是全选的快捷键,Ctrl＋F 是查找的快捷键,Ctrl＋C 是复制的快捷键, Ctrl＋X 是剪切的快捷键。

6. Word 2016 程序启动后就自动打开一个名为(　　)的文档。

A. Noname　　　　　　　B. Untitled　　　　　　C. 文件 1　　　　　　　D. 文档 1

**参考答案:** D。

【解析】Word 2016 程序启动后,默认会自动打开一个空白新文档,这个空白文档的名称 是"文档 1",它为用户提供一个起始的工作区域。

7. 在 Word 2016 中,输入字符有(　　)两种工作状态。

A. 插入与改写　　　　B. 插入与移动　　　　C. 改写与复制　　　　D. 复制与移动

**参考答案:** A。

【解析】在 Word 2016 中输入字符有插入和改写两种状态,通过键盘上的"Insert"按钮进 行切换。

8. 显示水平标尺和垂直标尺的视图方式是(　　)。

A. 普通视图　　　　　B. 页面视图　　　　　C. 大纲视图　　　　　D. 全屏显示方式

**参考答案:** B。

【解析】页面视图是 Word 的默认视图,也是最常用的视图模式。在页面视图中,用户可 以看到文档的完整布局,包括页眉、页脚、图形对象、分栏设置、页面边距、水平标尺、垂直标 尺等元素,是最接近打印结果的视图。

9. Word 2016 文字的插入和改写两种状态可以通过按(　　)键切换。

A. Ctrl　　　　　　　　B. Shift　　　　　　　C. Delete　　　　　　　D. Insert

**参考答案:** D。

【解析】在 Word 2016 中输入字符有插入和改写两种状态,通过键盘上的"Insert"按钮进 行切换。

10. Word 2016 提供在指定的时间间隔自动为用户保存文档的功能,系统默认的时间间 隔为(　　)。

A. 1 分钟　　　　　　　B. 3 分钟　　　　　　　C. 5 分钟　　　　　　　D. 10 分钟

**参考答案**：D。

**【解析】**Word 2016 软件提供了在指定的时间间隔自动为用户保存文档的功能，这是为了防止突然断电或其他事故导致文档数据丢失。系统默认的设置是每隔 10 分钟自动保存一次文档。

11. 在 Word 2016 中编辑时，文字下面的红色波浪下划线表示（    ）。

　　A. 可能有语法错误　　　　　　　　　B. 可能有拼写错误

　　C. 自动对所输入文字的修饰　　　　　D. 对输入的确认

**参考答案**：B。

**【解析】**Word 2016 文档中提供的"拼写和语法"检查工具根据 Word 的内置字典对含有拼写或语法错误的单词或短语进行标出，其中红色或蓝色波浪下划线表示单词或短语含有拼写错误，而绿色下划线表示语法错误。

12. 在编辑 Word 2016 文档时，选择不连续的段落，应当通过按（    ）键完成。

　　A. Ctrl　　　　　　　B. Alt　　　　　　　C. Shift　　　　　　　D. F1

**参考答案**：A。

**【解析】**选择不连续的段落按 Ctrl 键，选择连续的段落按 Shift 键。

13. 文本编辑区内有一个闪动的粗竖线，表示（    ）。

　　A. 插入点，可在该处输入字符　　　　B. 文章结尾符

　　C. 字符选取标志　　　　　　　　　　D. 鼠标光标

**参考答案**：A。

**【解析】**在 Word 的文本编辑区内，当鼠标单击某处时，单击处会出现闪烁的竖直线，表示该处成为插入点，用户可以在此位置输入字符。这种设计使得用户可以直观地看到当前光标的位置，方便进行文本编辑和输入。

14. 用键盘进行选择文本，只要按（    ）键，同时进行光标定位的操作就行了。

　　A. Alt　　　　　　　B. Ctrl　　　　　　　C. Shift　　　　　　　D. Ctrl＋Alt

**参考答案**：C。

**【解析】**Word 中可通过按住 Shift 键的同时使用方向键（↑、↓、←、→）来选择文本，按住 Shift 键并向上或向下移动以选择一行或多行文本。

15. 若全选整个文档，可通过按（    ）键完成。

　　A. Ctrl＋A　　　　　B. Ctrl＋H　　　　　C. Ctrl＋O　　　　　D. Ctrl＋E

**参考答案**：A。

**【解析】**Ctrl＋A 是全选的快捷键，Ctrl＋H 是查找和替换的快捷键，Ctrl＋O 是打开的快捷键，Ctrl＋E 是段落居中的快捷键。

16. 要将文档中一部分选定文字移动到指定的位置去，首先对它进行的操作是（    ）。

　　A. 单击"编辑"菜单下的"复制"命令　　B. 单击"编辑"菜单下的"清除"命令

　　C. 单击"编辑"菜单下的"剪切"命令　　D. 单击"编辑"菜单下的"粘贴"命令

**参考答案**：C。

**【解析】**要将选定文字移动到指定位置，需先"剪切"再"粘贴"，"复制"只是复制一份到别处，"清除"只是删除，"粘贴"需在复制或剪切操作后才能进行移动位置的操作。

17. 选定一个段落最快捷的方法是(　　)。

A. 双击该段的任意位置

B. 鼠标指针在该段左侧变成右向箭头时双击

C. 鼠标指针在该段左侧变成左向箭头时单击

D. 鼠标指针在该段左侧变成右向箭头时连击 3 次

**参考答案:**B。

【**解析**】当鼠标指针在段落左侧变成右向箭头时双击,可以快速选定一个段落。A 选项双击该段的任意位置可能不会准确选定整个段落;C 选项鼠标指针在该段左侧变成左向箭头时单击是选中一行;D 选项鼠标指针在该段左侧变成右向箭头时连击 3 次是选中整个文档。

18. Word 2016 具有分栏功能,下列关于分栏的说法,正确的是(　　)。

A. 最多可以设 4 栏　　　　　　　　　B. 各栏的宽度必须相同

C. 各栏的宽度可以不同　　　　　　　D. 各栏之间的间距是固定的

**参考答案:**C。

【**解析**】在 Word 2016 中,分栏的栏数可以根据需要设置,不限于 4 栏;各栏的宽度可以不同,用户可以自定义调整;各栏之间的间距也可以根据需要进行调整,不是固定的。

19. 在 Word 2016 中,段落首行的缩进类型包括首行缩进和(　　)。

A. 插入缩进　　　　B. 悬挂缩进　　　　C. 文本缩进　　　　D. 整版缩进

**参考答案:**B。

【**解析**】段落首行的缩进类型有首行缩进和悬挂缩进。首行缩进是段落第 1 行缩进,悬挂缩进是段落除第 1 行外其他行缩进。

20. 在 Word 2016 文档正文中,段落对齐方式有左对齐、右对齐、居中对齐、分散对齐和(　　)。

A. 上下对齐　　　　B. 前后对齐　　　　C. 两端对齐　　　　D. 内外对齐

**参考答案:**C。

【**解析**】在 Word 2016 文档正文中,段落对齐方式有左对齐、右对齐、居中对齐、分散对齐和两端对齐。这些对齐方式可以使段落文本在页面中呈现不同的排列效果。

21. 在 Word 2016 编辑状态下,选择了全文,若在"段落"对话框中设置行距为 20 磅的格式,应选择"行距"列表框中的(　　)。

A. 单倍行距　　　　B.1.5 倍行距　　　　C. 固定值　　　　D. 多倍行距

**参考答案:**C。

【**解析**】如果要设置行距为固定的 20 磅格式,应选择"行距"列表框中的"固定值"。"单倍行距""1.5 倍行距""多倍行距"都是相对的行距设置,不是固定的磅值。

22. 如果要删除文档中一部分选定的文字的格式设置,按组合键(　　)。

A. Ctrl＋Shift＋Z　　　　　　　　　　B. Ctrl＋Alt＋Delete

C. Ctrl＋F6　　　　　　　　　　　　　D. Ctrl＋Shift

**参考答案:**A。

【**解析**】如果要删除文档中一部分选定文字的格式设置,可以按组合键 Ctrl＋Shift＋Z。Ctrl＋Alt＋Delete 一般用于打开任务管理器操作;Ctrl＋F6 一般用于在多个打开的文档之间来回切换;Ctrl＋Shift 一般用于切换输入法。

23. 要复制字符格式而不复制字符,需用(    )按钮。

A. 格式刷        B. 格式工具栏        C. 复制        D. 绘图

**参考答案:**A。

**【解析】**要复制字符格式而不复制字符,可使用格式刷按钮。格式刷可以将源文本的格式应用到目标文本上。格式工具栏主要用于设置一些常见的格式,但不能单独复制字符格式;复制按钮主要是复制文本内容;绘图与复制字符格式无关。

24. 选定文本后,双击"格式刷"按钮,格式刷可以使用的次数是(    )。

A. 多次        B. 1次        C. 2次        D. 3次

**参考答案:**A。

**【解析】**在 Word 2016 中,选定文本后,双击"格式刷"按钮,格式刷可以多次使用,直到再次单击"格式刷"按钮或进行其他操作取消格式刷状态。

25. 在 Word 2016 的编辑状态下,当前文档中有一个表格,当鼠标在表格的某一个单元格内变成向右的箭头时,双击鼠标后(    )。

A. 整个表格被选中                B. 鼠标所在的一行被选中

C. 鼠标所在的一个单元格被选择        D. 表格内没有被选择的部分

**参考答案:**B。

**【解析】**当鼠标在表格的某一个单元格内变成向右的箭头时,双击鼠标后鼠标所在的一行被选中。要选中整个表格,一般需要将鼠标移动到表格左上角的十字箭头处单击;鼠标所在的一个单元格被选择一般是单击该单元格;表格内没有被选择的部分不会因为在单元格内双击而被选中。

26. 在 Word 2016 单元格中可以填入(    )的数据。

A. 只限于文字形式                B. 只限于数字形式

C. 文字、数字和图形等形式        D. 只限于文字和数字形式

**参考答案:**C。

**【解析】**在 Word 2016 单元格中可以填入文字、数字和图形等形式的数据。Word 表格具有较强的灵活性,可以容纳多种类型的数据。

27. Word 2016 中的对象翻转或旋转适用于(    )。

A. 正文        B. 表格        C. 图形        D. 位图文件

**参考答案:**C。

**【解析】**在 Word 2016 中,对象翻转或旋转适用于图形。正文、表格和位图文件一般不能直接进行翻转或旋转操作。

28. 在 Word 2016 中,要使文字能够环绕图形编辑,应选择的环绕方式是(    )。

A. 紧密型        B. 浮在文字上方        C. 无        D. 浮在文字下方

**参考答案:**A。

**【解析】**在 Word 2016 中,要使文字能够环绕图形编辑,应选择的环绕方式是紧密型。浮在文字上方是图形覆盖在文字上;无环绕方式则文字与图形没有特定的环绕关系;浮在文字下方是图形在文字的下方,不影响文字的排列。

29. Word 2016 文本框中的内容可以设置除(　　)外的格式。

A. 分页、分栏、分节　　　　　　　　　B. 对齐方式

C. 制表符　　　　　　　　　　　　　　D. 左、右缩进

**参考答案**：A。

**【解析】**Word 2016 文本框中的内容可以设置对齐方式，制表符，左、右缩进等格式，但不能设置分页、分栏、分节格式。

30. 在 Word 2016 中插入的图片，不能进行的操作是(　　)。

A. 修改其中的图形　　　　　　　　　　B. 移动或复制

C. 放大或缩小　　　　　　　　　　　　D. 剪切

**参考答案**：A。

**【解析】**在 Word 2016 中插入的图片可以进行移动或复制、放大或缩小、剪切等操作，但一般不能直接修改其中的图形内容，需要借助专门的图像编辑软件才能进行图形修改。

# 第6章　电子表格软件 Excel 2016

### 6.1.1　实验目的

1. 掌握 Excel 2016 的基本功能、启动和退出。
2. 掌握工作簿、工作表的管理。
3. 熟悉数据填充、数据及单元格格式的设置。
4. 使用公式和函数进行计算,掌握绝对地址和相对地址的应用。
5. 掌握创建图表和编辑美化图表的方法。
6. 熟悉排序、筛选(含自动筛选、高级筛选)、分类汇总、数据透视表等数据管理功能。

### 6.1.2　实验内容

1. 打开电子表格文档 Excel. xlsx,选择 Sheet1 工作表,在第 1 行数据前插入一空白行,然后在 A1 单元格中输入文字"福建华盛有限公司员工工资情况表",将 A1:I1 单元格合并为一个单元格,内容水平居中对齐;设置合并后的单元格文字格式为隶书、36 磅,背景使用图案填充(图案颜色:"浅绿"标准色;图案样式:"对角线条纹");套用表格样式"表样式浅色4"修饰 K17:L21 单元格区域,要求表包含标题,并设置该单元格区域内所有文字和数字都垂直居中和水平居中,最后将 Sheet1 工作表命名为"员工工资"。

2."数据"工作表的表 1 区域(A2:B7)存放了学历与基础工资的对应数据,在"员工工资"工作表中利用 VLOOKUP 函数计算每个员工的基础工资,置于 E3:E28 单元格区域。利用公式计算员工的月工资(元),置于 G3:G28 单元格区域(月工资=基础工资+岗位工资)。

利用 AVERAGE 函数在 E29、F29、G29 三个单元格中,依次计算公司所有员工的基础工资平均值、岗位工资平均值和月工资平均值(数值型,保留小数点后 2 位,而且数据保留千位分隔符)。利用 MIN、MAX 函数,计算公司所有员工的基础工资、岗位工资和月工资的最低值和最高值(数值型,保留小数点后 0 位)。

在"月工资(元)"列,利用 RANK. EQ 函数(或者 RANK 函数)按降序计算员工月工资的排序位次,结果置于单元格区域 H3:H28;利用 IF 函数计算"备注"列,如果员工月工资大于或等于平均值(即单元格 G29 数值),填入"高于",否则填入"低于"。

在按学历统计表区域(位于"员工工资"工作表的 K2:M7 区域),利用 AVERAGEIF 函数计算不同学历员工的平均月工资(数值型,保留小数点后 2 位),利用 COUNTIF 函数计算不同学历员工的人数。在按部门统计表(位于"员工工资"工作表的 K9:L13 区域)中,利用 COUNTIFS 函数统计不同部门中月工资超过(大于或等于)13000 元的员工人数。

"数据"工作表的表 2 区域(F2:H10)中存放了一些日期数据,使用 TEXT 函数,将日期的"年份"提取出来并置于"年份"列(要求年份显示为四位数字);使用 TEXT 函数,将日期的"月份"提取出来并置于"月份"列(要求月份显示为不带前导零的数字)。

3. 利用条件格式将"岗位工资(元)"列 F3:F28 单元格区域内值最大的前 15% 设置为"绿填充色深绿色文本",低于岗位工资平均值的单元格设置为"浅红填充色深红色文本"。利用条件格式图标集的"三色交通灯(无边框)"形状修饰"月工资(元)"列(G3:G28)的内容。

利用条件格式修饰 E3:E28 单元格区域,基于各自值设置所有单元格的格式为实心填充数据条(颜色:"橄榄色,个性色 3,淡色 40%";条形图方向:从右到左)。利用条件格式修饰"备注"列(I3:I28 区域),将"备注"列值为"高于"的单元格设置为"浅红填充色深红色文本","备注"列值为"低于"的单元格设置为"绿填充色深绿色文本"。

利用条件格式的图标集"3 个星形"修饰"月工资排名"列(H3:H28),将所有排名大于或等于 18 的单元格用白色五角星图标显示,所有排名小于 8 的单元格用黄色五角星图标显示,其余排名的单元格用一半黄色一半白色的五角星图标显示(注意:通过设置图标集"3 个星形""反转图标次序"实现,否则不得分)。

4. 选取"员工工资"工作表(B2:B28)和(G2:G28)数据区域的内容建立"簇状柱形图",图表标题为"员工月工资(元)",图例显示在图表右侧;设置图表的数据系列格式为纯色填充,颜色为"橄榄色,个性色 3,深色 25%",柱形外显示数据标签,图表要求放置在当前工作表的"A35:M49"单元格区域内。

选取"员工工资"工作表的"学历"(K3:K7)、"平均月工资(元)"(L3:L7)和"人数"(M3:M7)三列数据,为该区域的内容建立"三维簇状柱形图",图表标题为"员工工资统计图";使用"图表样式 7"修饰图表,更改颜色为"颜色 9",图例置于图表顶部;图表的背景墙使用"虚线网格"进行图案填充;图表的绘图区使用渐变填充,颜色为"浅色渐变,个性色 6",类型为"矩形",方向为"从中心"。设置"平均月工资(元)"数据系列格式为纯色填充"橄榄色,个性色 3,深色 50%";设置"人数"列式为纯色填充标准色"紫色",效果设置为"三维格式",其中材料选择"金属效果";为图表添加数据标签,修改垂直(值)轴边界最大值为 22000,最小值为 10000,刻度线"主要类型"为"交叉","次要类型"为"内部",最后将图表插入当前工作表的"E52:J68"单元格区域内。

5. 添加一新工作表,将该工作表命名为"分类汇总",将"员工工资"工作表(A2:G28)数据区域的内容复制一份放置于"分类汇总"工作表的(A1:G27)区域(要求粘贴时采用"选择性粘贴","粘贴选项"选择"值"),对"分类汇总"工作表内数据清单的内容按主要关键字"部门"降序、次要关键字"员工编号"升序进行排序;完成对各部门月工资平均值的分类汇总,汇总结果显示在数据下方。(分类汇总)

6. 添加一新工作表,将该工作表命名为"自动筛选",将"员工工资"工作表中(A2:E28)和(G2:G28)两个数据区域内容复制一份放置于"自动筛选"工作表(A1:F27)区域(要求粘贴时采用"选择性粘贴","粘贴选项"选择"值")。将 E、F 列的列宽设置为固定值 12,对"自动筛选"工作表内数据清单的内容按主要关键字"部门"的升序和次要关键字"月工资(元)"的降序进行排序;对排序后的数据进行筛选,只显示财务部、销售部两个部门,且月工资(元)大于或等于 13000 的数据。(自动筛选)

7. 添加一新工作表,将该工作表命名为"高级筛选",将"员工工资"工作表(A2:H28)数据区域内容复制一份放置于"高级筛选"工作表(A1:H27)区域(要求粘贴时采用"选择性粘贴","粘贴选项"选择"值"),在"高级筛选"工作表中选择(A1:H27)数据区域,执行"自动调整列宽";在"高级筛选"工作表的数据清单前插入 4 行空白行,然后进行高级筛选操作,条件区域要求设在 A1:H4 区域内,在对应字段列内输入条件,条件是部门为"企划部"或"研发部"且月工资排名为前 15 包含第 15(请用<=15),筛选结果显示在原有数据区域。(高级筛选)

8. 选择"商品销售情况"工作表,为工作表内数据清单的内容建立一张数据透视表,按行标签为"分店名称",列标签为"商品类别",数值为"销售额(元)"求和布局,使用"数据透视表样式浅色 27"修饰图表,将数据透视表置于现工作表的 B67 单元格,工作表名不变,保存 Excel.xlsx 工作簿。(数据透视表)

## 6.1.3 实验步骤

**第 1 小题:**

步骤 1:选中工作表 Sheet1 中的第 1 行,鼠标右键,在弹出的菜单中单击"插入",在 A1 单元格输入文字"福建华盛有限公司员工工资情况表",选中 A1:I1 单元格,鼠标右键,在弹出的菜单中单击"设置单元格格式",在"对齐"页面选中"合并单元格"复选框,水平对齐下拉框选择"居中",单击"确定"。

步骤 2:鼠标左键单击 A1:I1 单元格区域内任意位置,在"开始"|"单元格"分组中,依次选择字体和字号为隶书、36 磅。在 A1:I1 单元格区域内单击鼠标右键,在弹出的菜单中单击"设置单元格格式",在"填充"页面中(图 6-1),图案颜色选择"浅绿"标准色,图案样式选择"对角线条纹"。

步骤 3:选定 K17:L21 数据区域,在"设计"|"表格样式"分组中,选择"表样式浅色 4"且勾选"表包含标题"复选框,如图 6-2 所示。在 A1:I1 单元格区域单击鼠标右键,在弹出的菜单中单击"设置单元格格式",在"对

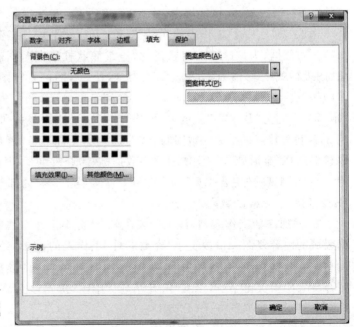

**图 6-1 "填充"选项卡**

齐"页面中(图 6-3),水平对齐的下拉框选择"居中",垂直对齐下拉框选择"居中",鼠标移至工作表名字"Sheet1"处,鼠标右键单击"重命名"按钮,输入"员工工资"。

**图 6-2 "表格样式"对话框**

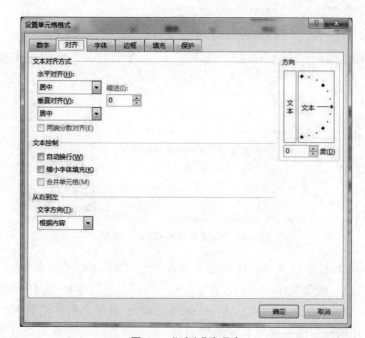

**图 6-3 "对齐"选项卡**

**第 2 小题:**

步骤 1:在"员工工资"工作表 E3 中输入公式"＝VLOOKUP(D3,数据!＄A＄3:＄B＄7,2,0)",按回车键,即完成第一位员工基本工资的计算。鼠标左键单击 E3 单元格,然后将鼠标光标移动到 E3 单元格的右下角"填充柄"处,按住鼠标左键不放向下拖动即可计算出其他员工的基本工资。在 G3 中输入公式"＝E3＋F3",按回车键,即完成第一位员工的月工资计算,将鼠标移动到 G3 单元格右下角的"填充柄"处,按住鼠标左键不放向下拖动即可计算出其他员工的月工资。

步骤 2:在"员工工资"工作表 E29 中输入函数"＝AVERAGE(E3:E28)",按回车键,将自动计算求出 E3～E28 区域内所有单元格数据的平均值;选中 E29 单元格,将鼠标移动到E29 单元格的右下角"填充柄"处,按住鼠标左键不放向右拖动到 G29,即可计算出其他列的平均值。选择 E29～G29 单元格,鼠标右键单击"设置单元格格式"命令,在"设置单元格格式"对话框(图 6-4)"数字"的分类列表中选择"数值","小数位数"的微调按钮设置为"2",选中"使用千位分隔符"复选框,单击"确定"按钮。在 E30 中输入函数"＝MIN(E3:E28)",在E30 右下角的"填充柄"处,按住鼠标左键不放向右拖动到 G30;在 E31 中输入函数"＝MAX

(E3:E28)"，在 E31 右下角的"填充柄"处，按住鼠标左键不放向右拖动到 G31。选择 E30～G31 单元格，鼠标右键单击"设置单元格格式"命令，在"数字"页面选择"数值"分类，"小数位数"的微调按钮设置为"0"，单击"确定"按钮。

**图 6-4 "设置单元格格式"对话框**

步骤 3：在"员工工资"工作表 H3 中输入函数"＝RANK.EQ(G3,＄G＄3：＄G＄28,0)"[也可以输入函数"＝RANK(G3,＄G＄3：＄G＄28,0)"]，按回车键，将自动计算出第一位员工在所有员工中的月工资排序位次。选中 H3 单元格，将鼠标光标移动到 H3 单元格右下角"填充柄"处，按住鼠标左键不放向下拖动到 H28，即可计算出其他员工的月工资排序位次。在"员工工资"工作表 I3 中输入函数"＝IF(G3＞＝＄G＄29,"高于","低于")"，按回车键，将在备注列自动计算求出第一位员工的月工资与平均工资的比较情况。选中 I3 单元格，将鼠标移动到 I3 单元格的右下角"填充柄"处，按住鼠标左键不放向下拖动到 I28，即可计算出其他员工的月工资与平均值比较情况。

步骤 4：在"员工工资"工作表 L4 中输入"＝AVERAGEIF(＄D＄3：＄D＄28,K4,＄G＄3：＄G＄28)"，按回车键，将自动计算"专科"学历员工的平均月工资，选中 L4 单元格，将鼠标移动到 L4 单元格的右下角"填充柄"处，按住鼠标左键不放向下拖动到 L7，即可计算出其他学历员工的月工资平均值。选择 L4～L7 单元格，鼠标右键单击"设置单元格格式"命令，在"数字"页面，单击"数值"分类，"小数位数"的微调按钮设置为"2"，单击"确定"按钮。在 M4 单元格中输入"＝COUNTIF(＄D＄3：＄D＄28,K4)"，按回车键，将自动计算求出"专科"学历员工的人数；将鼠标移动到 M4 单元格的右下角"填充柄"处，按住鼠标左键不放向下拖动到 M7，即可计算出其他学历员工的人数。在"员工工资"工作表 L11 单元格中输入函数"＝COUNTIFS(＄C＄2：＄C＄28,K11,＄G＄2：＄G＄28,"＞13000")"，按回车键，即可计算求出"企划部"月工资超过 13000 元的人数；选中 L11 单元格，将鼠标光标移动到 L11 单元格的右下角"填充柄"处，按住鼠标左键不放向下拖动到 L13，即可计算出其他部门月工资超过 13000 元的人数。

步骤 5：在"数据"工作表 G4 中输入函数"＝TEXT(F4,"yyyy")"，按回车键，H4 中输入函数"＝TEXT(F4,"m")"。若提取的月份想保留前置的 0，则函数应为"＝TEXT(F4,"mm")"；若想提取日期的"日"部分，则可以用函数"＝TEXT(F4,"d")"或者"＝TEXT(F4,"dd")"。

**第 3 小题：**

步骤 1：在"员工工资"工作表选中 F3：F28 单元格区域，单击"开始"|"样式"分组中的"条件格式"下拉按钮，在下拉列表中单击"最前/最后规则"级联菜单中的"前 10%"命令，如图 6-5 所示，将打开的"前 10%"对话框中的微调按钮值设置为"15"，并在右侧下拉列表中选择"绿填充色深绿色文本"选项，如图 6-6 所示，单击"确定"按钮。单击"开始"|"样式"分组中的"条件格式"下拉按钮，在下拉列表中单击"最前/最后规则"级联菜单中的"低于平均值"命令，如图 6-5 所示，在对话框中选择下拉项"浅红填充色深红色文本"，单击"确定"按钮。选中 G3：G28 单元格区域，单击"开始"|"样式"分组中的"条件格式"下拉按钮，在下拉列表中单击"图标集"级联菜单中的"三色交通灯(无边框)"命令，如图 6-7 所示。

图 6-5　"最前/最后规则"级联菜单

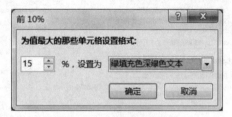

图 6-6　"前 10%"对话框

步骤 2：在"员工工资"工作表选中 E3：E28 单元格区域，单击"开始"|"样式"分组中的"条件格式"下拉按钮，在下拉列表中单击"数据条"级联菜单中的"其他规则"命令(因为"实心填充"里面没有题目要求的橄榄绿颜色，故单击"其他规则"命令)，如图 6-8 所示。在打开的"新建格式规则"对话框中，依次选择"数据条"、"橄榄色，个性色 3，淡色 40%"、"从右到左"，如图 6-9 所示，单击"确定"按钮。选中 I3：I28 单元格区域，单击"开始"|"样式"分组中的"条件格式"下拉按钮，在下拉列表中单击"突出显示单元格规则"级联菜单中的"等于"命令，如图 6-10 所示。在打开的"等于"对话框中，输入"高于"，然后选择"浅红填充色深红色文本"，如图 6-11 所示，单击"确定"按钮。同样地，选中 I3：I28 单元格区域，单击"开始"|"样式"分组中的"条件格式"下拉按钮，在下拉列表中单击"突出显示单元格规则"级联菜单中的"等于"命令，在打开的"等于"对话框中，输入"低于"，选择"绿填充色深绿色文本"，如图 6-12 所示，单击"确定"按钮。

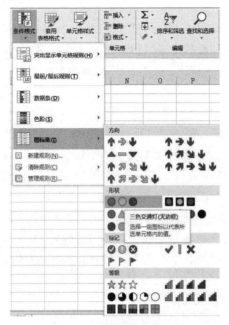

图 6-7 "图标集"级联菜单

图 6-8 "数据条"级联菜单

图 6-9 "新建格式规则"对话框

图 6-10 "突出显示单元格规则"级联菜单

图 6-11 "高于"设置对话框

图 6-12 "低于"设置对话框

步骤 3：在"员工工资"工作表选中 H3：H28 单元格区域，单击"开始"|"样式"分组中的"条件格式"下拉按钮，在下拉列表中单击"图标集"级联菜单中的"其他规则"命令（直接单击五角星，没法实现题目要求的效果，故只能在"其他规则"中设置），如图 6-13 所示。在打开的"新建格式规则"对话框中，格式样式选择"图标集"，图标样式选择"五角星"，单击"反转图标次序"按钮（因为默认五角星颜色效果与题目要求正好相反），如图 6-14 所示。白色五角星图标当前值设置为"≥18"，类型改为"数字"，一半黄色一半白色的五角星设置为"<18且≥8"，类型改为"数字"，单击"确定"按钮。

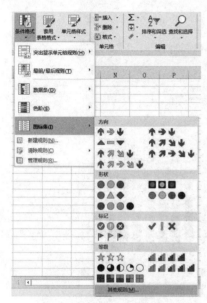

| 图 6-13　"图标集"级联菜单 | 图 6-14　"新建格式规则"对话框 |
|---|---|

**第 4 小题：**

步骤 1：在"员工工资"工作表先选中 B2：B28 区域，然后按住 Ctrl 键不松开，再选中 G2：G28 区域；单击"插入"|"图表"分组中的"插入柱形图或条形图"|"簇状条形图"按钮，如图 6-15 和图 6-16 所示；选中图表标题，将内容修改为"员工月工资（元）"，单击"图表工具"|"图表设计"|"图表布局"分组中的"添加图表元素"下拉按钮，在列表中选中"图例"级联菜单中的"右侧"；选中数据序列，单击鼠标右键，在弹出的菜单中单击"设置数据系列格式"命令，打开"设置数据系列格式"窗口，如图 6-17 所示。在"填充和线条"选项卡中选中"纯色填充"按钮，颜色选择"橄榄色，个性色 3，深色 25％"；单击"图表工具"|"图表设计"|"图表布局"分组中的"添加图表元素"下拉按钮，在列表中选中"数据标签"级联菜单中的"数据标签外"；拖放调整图表到"A35：M49"单元格区域内。

图 6-15　"插入|图表"菜单

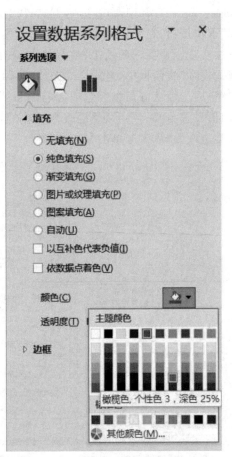

图 6-16 "簇状柱形图"选项　　　图 6-17 "设置数据系列格式"窗口

步骤 2：在"员工工资"工作表先选中 K3：K7 区域，然后按住 Ctrl 键不松开，再依次选中 L3：L7 和 M3：M7 区域；单击菜单"插入"，在"图表"分组中（图 6-18）选择"插入柱形图或条形图"|"三维簇状柱形图"按钮；选中图表标题，将内容修改为"员工工资统计图"；在"图表工具"|"图表设计"|"图表样式"分组中选中"样式 7"，如图 6-19 所示；单击"更

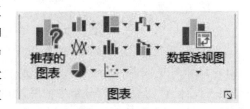

图 6-18 "图表"分组

改颜色"下拉按钮，在列表中选中"单色调色板 9"，如图 6-20 所示；单击"图表工具"|"图表设计"|"图表布局"分组中的"添加图表元素"下拉按钮，在列表中选中"图例"级联菜单中的"顶部"，如图 6-21 所示；单击"图表工具"|"格式"|"当前所选内容"分组中的下拉按钮，在列表中选中"背景墙"，如图 6-22 所示，单击"背景墙"下方的"设置所选内容格式"按钮，工作界面的右侧将出现"设置背景墙格式"窗口，如图 6-23 所示，选中"填充"中的"图案填充"按钮，并选择"虚线网络"图案；在图 6-22 的下拉列表中将"背景墙"切换到"绘图区"（也可在"设置背景墙格式"窗口通过单击下拉列表进行切换，如图 6-24 所示），选中填充中的"渐变填充"按钮，如图 6-25 所示，在"预设渐变"处颜色选择"浅色渐变，个性色 6"，类型选"矩形"，方向选"从中心"。

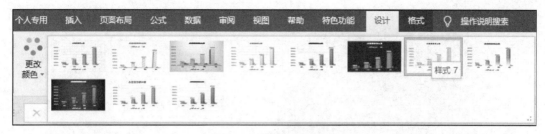

图 6-19　"图表设计"菜单

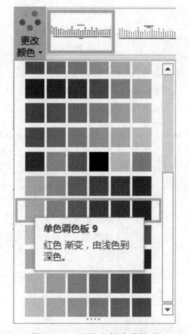

图 6-20　"更改颜色"菜单

图 6-21　"图例"级联菜单

图 6-22　"图表格式"菜单

步骤 3：在图 6-25 中鼠标左键单击"绘图区选项"，在弹出的下拉列表中选择"系列'平均月工资（元）'"，如图 6-26 所示。在打开的"设置数据系列格式"对话框中（图 6-27），选择"纯色填充"，颜色选择"橄榄色，个性色 3，深色 50％"。同样的方法，在图 6-25 中鼠标左键单击"绘图区选项"，在弹出的下拉列表中选择系列"人数"，在打开的"设置数据系列格式"窗口中选择"纯色填充"，颜色选择标准色"紫色"。在"设置数据系列格式"窗口中，将窗格从"填充"切换至"效果"，如图 6-28 所示，鼠标左键单击"三维格式"，在"材料"下拉项中选择"金属"。

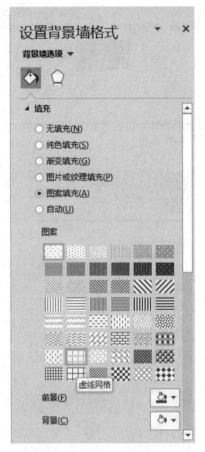

图 6-23 "设置背景墙格式"窗口

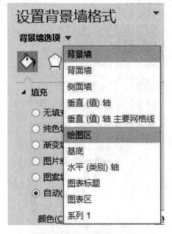

图 6-24 "背景墙选项"切换

图 6-25 "设置绘图区格式"窗口

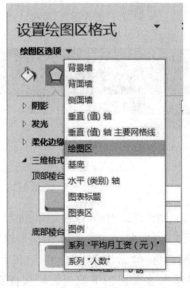

图 6-26 选择"系列'平均月工资(元)'"

鼠标左键单击图表,然后单击图表右上角会出现的"+"号,在弹出的列表中勾选"数据标签";选中垂直(值)轴,单击鼠标右键,在弹出的菜单中单击"设置坐标轴格式"命令,打开"设置坐标轴格式"窗口,如图 6-29 所示,在边界中设置最大值为"22000.0",最小值为"10000.0";展开"刻度线","主刻度线类型"下拉列表选中"交叉","次刻度线类型"下拉列表选中"内部";拖放调整图表到 E52:J68 单元格区域内,按组合键 Ctrl+S 保存文档。

图 6-27　"设置数据系列格式"窗口　　图 6-28　"设置数据系列格式"之"效果"页面

### 第 5 小题:

步骤 1:在 Excel 工作界面左下角单击"+"符号,为工作簿增加一张新的工作表,将该工作表重命名为"分类汇总";在"员工工资"工作表中选中 A2:G28 单元格区域,鼠标右键单击"复制"后,在"分类汇总"工作表中鼠标左键单击 A1 单元格,然后单击鼠标右键,在弹出的菜单中单击"粘贴选项"中的"值"选项,如图 6-30 所示。

步骤 2:单击"分类汇总"工作表中带数据的单元格(任意一个),在"开始"|"编辑"分组中,单击"排序和筛选"|"自定义排序"命令,弹出"排序"对话框,如图 6-31 所示;勾选"数据包含标题",在"主要关键字"中选择"部门",次序选择"降序";然后单击"添加条件"按钮,在"次要关键字"中选择"员工编号",次序选择"升序",单击"确定"按钮。(提示:分类汇总前一般需要将数据按"分类字段"预先进行排序。)

图 6-29  "设置坐标轴格式"窗口          图 6-30  "粘贴选项"菜单

图 6-31  "排序"对话框

步骤 3:单击"分类汇总"工作表数据清单中的任一单元格,在"数据"|"分级显示"分组中,单击"分类汇总"按钮,打开"分类汇总"对话框,如图 6-32 所示,在"分类字段"中选择"部门",在"汇总方式"中选择"平均值",在"选定汇总项"中选择"月工资(元)",勾选"汇总结果显示在数据下方"复选框,单击"确定"按钮,按组合键 Ctrl+S 保存文档。

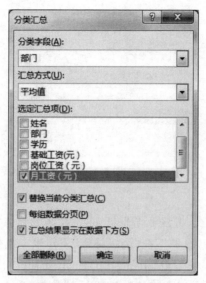

图 6-32　"分类汇总"对话框

**第 6 小题:**

步骤 1:在 Excel 工作界面左下角单击"＋"符号,为工作簿增加一张新的工作表,将该工作表重命名为"自动筛选";在"员工工资"工作表中先选中 A2:E28,然后按住 Ctrl 键不松开,再选中 G2:G28 单元格区域,鼠标右键,在弹出的菜单中单击"复制"命令,在"自动筛选"工作表中鼠标左键单击 A1 单元格,然后鼠标右键在弹出的菜单中单击"粘贴选项"中的"值"选项,如图 6-30 所示。

步骤 2:在"自动筛选"工作表中选中 E、F 两列,鼠标右键,在弹出的菜单中单击"列宽"命令,如图 6-33 所示,在弹出对话框的文本框中输入数值 12,单击"确定"按钮;单击"自动筛选"工作表中带数据的单元格(任意一个),在"开始"|"编辑"分组中,单击"排序和筛选"|"筛选"命令,此时每个列标题处增加了一个下拉按钮,单击"部门"下拉按钮,在下拉列表中选择"财务部"和"销售部",如图 6-34 所示,单击"确定"按钮。

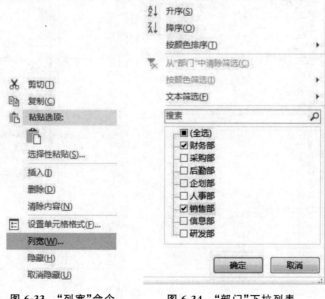

图 6-33　"列宽"命令　　　　图 6-34　"部门"下拉列表

119

步骤3：单击"月工资（元）"下拉按钮，列表中依次单击"数字筛选""大于"，在弹出的如图6-35所示的对话框中输入"13000"，单击"确定"，按组合键Ctrl＋S保存文档。

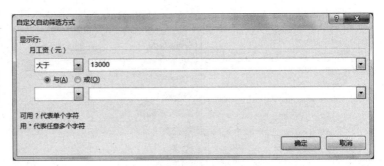

**图6-35 "自定义自动筛选方式"对话框**

**第7小题：**

步骤1：在Excel工作界面左下角单击"＋"符号，为工作簿增加一张新的工作表，将该工作表重命名为"高级筛选"；在"员工工资"工作表中先选中A2:H28，鼠标右键单击"复制"，在"高级筛选"工作表中鼠标左键单击A1单元格，然后单击鼠标右键，在弹出的菜单中单击"粘贴选项"的"值"选项，如图6-30所示。

步骤2：选中"高级筛选"工作表的A1:H27区域数据，单击"开始"|"单元格"分组中的"格式"按钮，在弹出的列表中单击"自动调整列宽"命令；选中第4行数据，鼠标右键在弹出的菜单中单击"插入行"（重复四次），当前工作表顶部即多出了4行空白行；为高级筛选设置"条件区域"，具体内容如图6-36中的E1:F3单元格区域所示，依题意，条件区域只要不超过A1:H4区域范围即可。

步骤3：单击数据区域的任一单元格，在"数据"|"排序和筛选"分组中，单击"高级"命令，弹出"高级筛选"对话框，在对话框中的方式选择"在原有区域显示筛选结果"；"列表区域"表示要筛选的数据区域，"条件区域"表示高级筛选设置的筛选条件所在的区域。"列表区域""条件区域"的表达式可通鼠标选取相应的区域自动产生，设置结果如图6-36所示。

| | A | B | C | D | E | F | G | H | I | J | K | L |
|---|---|---|---|---|---|---|---|---|---|---|---|---|
| 1 | | | | | 部门 | 月工资排名 | | | | | | |
| 2 | | | | | 企划部 | <=15 | | | | | | |
| 3 | | | | | 研发部 | <=15 | | | | | | |
| 4 | | | | | | | | | | | | |
| 5 | 员工编号 | 姓名 | 部门 | 学历 | 基础工资（元） | 岗位工资（元） | 月工资（元） | 月工资排名 | | | | |
| 6 | BH001 | 刘强 | 企划部 | 硕士 | 7900 | 12000 | 19900 | 5 | | | | |
| 7 | BH002 | 王铭杰 | 销售部 | 硕士 | 7900 | 13200 | 21100 | 3 | | | | |
| 8 | BH003 | 陈浩钰 | 采购部 | 本科 | 7100 | 7800 | 14900 | 8 | | | | |
| 9 | BH004 | 张凯 | 后勤部 | 硕士 | 7900 | 7900 | 15800 | 7 | | | | |
| 10 | BH005 | 谢天华 | 人事部 | 本科 | 7100 | 6800 | 13900 | 12 | | | | |
| 11 | BH006 | 陈奇刚 | 后勤部 | 专科 | 6200 | 4600 | 10800 | 24 | | | | |
| 12 | BH007 | 陈胜利 | 财务部 | 本科 | 7100 | 4600 | 11700 | 22 | | | | |
| 13 | BH008 | 刘宇强 | 企划部 | 本科 | 7100 | 7600 | 14700 | 9 | | | | |
| 14 | BH009 | 吴浩宇 | 研发部 | 博士 | 8900 | 14000 | 22900 | 1 | | | | |
| 15 | BH010 | 刘国强 | 后勤部 | 本科 | 7100 | 4600 | 11700 | 22 | | | | |
| 16 | BH011 | 张顾鹤 | 财务部 | 本科 | 7100 | 4800 | 11900 | 21 | | | | |
| 17 | BH012 | 黄浩然 | 销售部 | 本科 | 7100 | 7500 | 14600 | 10 | | | | |
| 18 | BH013 | 郭璧群 | 采购部 | 专科 | 6200 | 4600 | 10800 | 24 | | | | |
| 19 | BH014 | 张昊天 | 企划部 | 本科 | 7100 | 6200 | 13300 | 15 | | | | |
| 20 | BH015 | 刘晓光 | 研发部 | 博士 | 8900 | 12600 | 21500 | 2 | | | | |
| 21 | BH016 | 王志坚 | 信息部 | 本科 | 7100 | 5200 | 12300 | 17 | | | | |
| 22 | BH017 | 谢和平 | 财务部 | 硕士 | 7900 | 5500 | 13400 | 14 | | | | |
| 23 | BH018 | 吴伙秋 | 信息部 | 博士 | 8900 | 11900 | 20800 | 4 | | | | |
| 24 | BH019 | 刘力平 | 后勤部 | 专科 | 6200 | 4600 | 10800 | 24 | | | | |
| 25 | BH020 | 王东骅 | 研发部 | 硕士 | 8900 | 9780 | 18680 | 6 | | | | |
| 26 | BH021 | 林陆 | 人事部 | 本科 | 7100 | 4900 | 12000 | 19 | | | | |
| 27 | BH022 | 伊洁 | 后勤部 | 本科 | 7100 | 5300 | 12400 | 16 | | | | |
| 28 | BH023 | 曾天格 | 信息部 | 本科 | 7100 | 5100 | 12200 | 18 | | | | |
| 29 | BH024 | 巫启涛 | 研发部 | 硕士 | 7900 | 5800 | 13700 | 13 | | | | |
| 30 | BH025 | 黄冰河 | 销售部 | 本科 | 7100 | 4900 | 12000 | 19 | | | | |
| 31 | BH026 | 陈晓东 | 采购部 | 硕士 | 7900 | 6500 | 14400 | 11 | | | | |
| 32 | | | | | | | | | | | | |

**图6-36 "高级筛选"操作**

**第 8 小题：**

步骤 1：在"商品销售情况"工作表中鼠标单击数据区任一单元格，单击"插入"|"表格"分组中的"数据透视表"按钮，弹出如图 6-37 所示的对话框，选中"选择一个表或区域"选项，"表/区域"选择当前工作表的 A1：H65 区域；选择"现有工作表"选项，"位置"选择当前工作表的 B67 单元格（用来确定数据透视表左上角位置），单击"确定"按钮。

步骤 2：在 Excel 工作界面右侧的"数据透视表字段"窗口中，拖动"分店名称"字段到"行"，拖动"商品类别"字段到"列"，拖动"销售额（元）"到"值"（默认是"求和"计算，如果需要其他计算，可单击修改），如图 6-38 所示，这样即完成数据透视表的创建，按组合键 Ctrl＋S 保存文档。

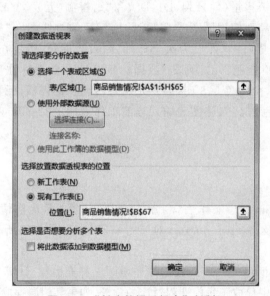

图 6-37　"创建数据透视表"对话框

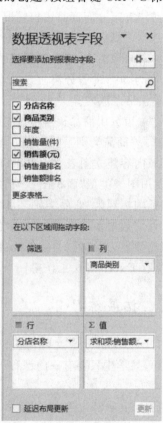

图 6-38　"数据透视表字段"窗口

# 6.2　拓展练习及其步骤

## 6.2.1　拓展练习 1

1. 打开电子表格文档 Excel. xlsx，选择"商品销售情况"工作表，利用 RANK. EQ 函数对"销售量（件）"列数据计算对应排名（降序），结果置于 F2：F65 单元格区域；利用 RANK. EQ 函数对"销售额（元）"列数据计算对应排名（降序），结果置于 G2：G65 单元格区域。

2. 在"商品销售情况"工作表中,根据"销售额(元)"数据计算"销售额情况"列(H2:H65)的内容(使用 IF 函数):如果"销售额(元)"列的值大于或等于 60000,在对应的 H 列单元格填写"高";如果"销售额(元)"列的值大于或等于 50000 小于 60000,填写"较高";如果"销售额(元)"列的值大于或等于 11000 小于 50000,填写"中等";否则填写"低"。

3. 新建一工作表,将该工作表命名为"A 市分店商品销售情况";对"商品销售情况"工作表内数据清单的内容进行高级筛选,条件区域限定在 J1:M8 单元格区域内,条件按如下内容设定:分店名称为"A 市分店"且年度为"2024 年",筛选的结果放在"A 市分店商品销售情况"工作表的 A1:H5 单元格区域;对 A1:H5 区域数据执行"自动调整列宽"。

4. 选择"A 市分店商品销售情况"工作表中的"商品类别"列(B1:B5)和"销售额(元)"列(E1:E5)数据区域内容,建立"三维饼图",图表标题为"销售额统计图(元)",使用图表样式"样式 6"的来修饰图表,图表标题显示在图表上方,图例位于左侧,设置数据系列格式第一扇区起始角度为 30°,饼图分离程度为 18%,将图表插入"A 市分店商品销售情况"工作表的 A9:F27 单元格区域内。

5. 为"A 市分店商品销售情况"工作表的 A1:H5 数据区域内容套用表格样式"表样式浅色 7";选择"商品类别"列(B1:B5)、"销售量(件)"列(D1:D5)和"销售额(元)"列(E1:E5)的数据区域内容建立图表,"销售量(件)"列使用图表类型"带数据标记的折线图","销售额(元)"列使用图表类型"面积图","销售量(件)"列设为次坐标轴;图表无标题,图例在顶部,主要横坐标轴标题为"商品类别";将"销售额(元)"列的"数据标签"设为"数据标注",设置"销售量(件)"数据系列格式为"水绿色,个性色 5,8 磅"的发光效果,设置"销售额(元)"数据系列的填充颜色为"红色,个性色 2,深色 25%";将图表插入当前工作表的 A32:G50 单元格区域内,保存 Excel.xlsx 工作簿。

## 6.2.2 拓展练习 2

1. 打开 Excel2.xlsx 文件,选择"Sheet1"工作表,利用 IF 函数计算"不及格情况"列(H3:H44),某学生只要有一门课程不及格(小于 60 分),对应的 H 列就填写"有",所有课程都及格则填写"—"。

2. 选择"Sheet2"工作表,使用填充柄将"学号"列数据按递增顺序补充完整,计算每门课程"学分"列。在"课程对应学分"工作表中存放了每门课程对应的学分,如果某门课程成绩>=60 分就可获得该课程对应的学分;小于 60 分无法取得该课程学分,将该同学该门课学分设为 0。

3. 选择"Sheet2(学号乱序)"工作表,该工作表中的学号已填写完整,但是无序的(不能改变学号顺序),计算每门课程"学分"列。在"课程对应学分"工作表中存放了每门课程对应的学分,如果某门课程成绩大于等于 60 分就可获得该课程对应的学分;小于 60 分无法取得该课程学分,将该同学该门课学分设为 0。保存 Excel2.xlsx 工作簿,退出 Excel 2016 软件。

## 6.2.3 拓展练习 1 步骤

**第 1 小题:**

要点提示:

在"商品销售情况"工作表 F2 单元格中输入函数"=RANK.EQ(D2,$D$2:$D$65,0)",

双击智能填充柄完成其他行计算。

在"商品销售情况"工作表 G2 单元格中输入函数"＝RANK. EQ(E2,＄E＄2：＄E＄65,0)"，双击智能填充柄完成其他行计算。

**第 2 小题：**

要点提示：

在"商品销售情况"工作表 H2 单元格中输入函数"＝IF(E2＞＝60000,"高",IF(E2＞＝50000，"较高",IF(E2＞＝11000,"中等","低")))"，双击智能填充柄完成其他行计算。

函数也有另一种写法："＝IF(E2＜11000,"低",IF(E2＜50000,"中等",IF(E2＜60000,"较高","高")))"。

**第 3 小题：**

要点提示：

先切换到"A 市分店商品销售情况"工作表，然后执行"高级筛选"。"条件区域"的设置参考图 6-39，"高级筛选"的设置参考图 6-40。易错点：直接在"商品销售情况"工作表执行"高级筛选"。

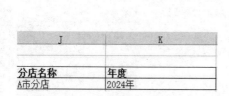

图 6-39　"条件区域"设置

图 6-40　"高级筛选"设置

**第 4 小题：**

要点提示：

图表设置可参考图 6-41。

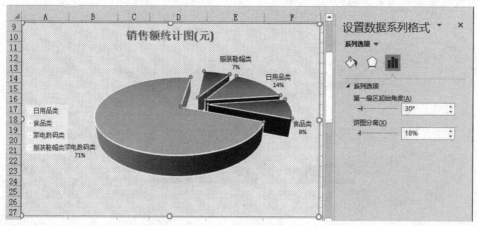

图 6-41　饼图分离设置

**第 5 小题：**

要点提示：

在"A 市分店销售情况"工作表中，先选中 B1:B5 单元格区域，按住 Ctrl 键不松开，再依次选中 D1:D5、E1:E5 两单元格区域，单击"插入"|"图表"分组中的"插入组合图"下拉按钮，在列表中单击"创建自定义组合图"命令，打开"插入图表"对话框，如图 6-42 所示，依题意为"销售量（件）""销售额（元）"选择不同的图表类型。

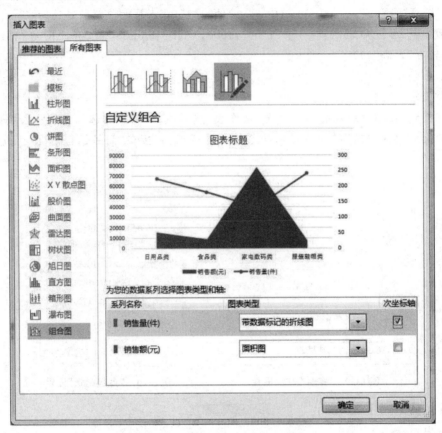

图 6-42　插入"组合图"类型图表

完成的图表效果可参考图 6-43。

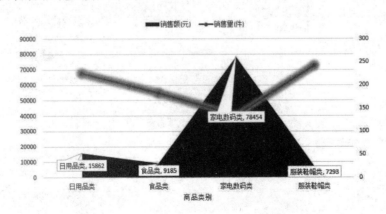

图 6-43　完成的"组合图"效果

## 6.2.4　拓展练习 2 步骤

**第 1 小题：**

要点提示：

方法一　在"Sheet1"工作表 H3 单元格中输入：

＝IF(C3＜60,"有",IF(D3＜60,"有",IF(E3＜60,"有",IF(F3＜60,"有",IF(G3＜60,"有","—")))))，双击智能填充柄完成其他行填充。

方法二　在"Sheet1"工作表 H3 单元格中输入：

＝IF(OR(C3＜60,D3＜60,E3＜60,F3＜60,G3＜60)，"有"，"—")，双击智能填充柄完成其他行填充。

**第 2 小题：**

要点提示：

在"Sheet2"工作表 C4 单元格中输入：

＝IF(Sheet1!C3＞＝60,课程对应学分!＄B＄2,0)，双击智能填充柄完成 C 列计算。

在"Sheet2"工作表 D4 单元格中输入：

＝IF(Sheet1!D3＞＝60,课程对应学分!＄B＄3,0)，双击智能填充柄完成 D 列计算。

在"Sheet2"工作表 E4 单元格中输入：

＝IF(Sheet1!E3＞＝60,课程对应学分!＄B＄4,0)，双击智能填充柄完成 E 列计算。

在"Sheet2"工作表 F4 单元格中输入：

＝IF(Sheet1!F3＞＝60,课程对应学分!＄B＄5,0)，双击智能填充柄完成 F 列计算。

在"Sheet2"工作表 G4 单元格中输入：

＝IF(Sheet1!G3＞＝60,课程对应学分!＄B＄6,0)，双击智能填充柄完成 G 列计算。

**第 3 小题：**

要点提示：

在"Sheet2（学号乱序）"工作表 C4 单元格中输入：

＝IF(VLOOKUP(B4,Sheet1!＄B＄2:＄G＄44,2,0)＞＝60,课程对应学分!＄B＄2,0)，双击智能填充柄完成 C 列计算。

在"Sheet2（学号乱序）"工作表 D4 单元格中输入：

＝IF(VLOOKUP(B4,Sheet1!＄B＄2:＄G＄44,3,0)＞＝60,课程对应学分!＄B＄3,0)，双击智能填充柄完成 D 列计算。

在"Sheet2（学号乱序）"工作表 E4 单元格中输入：

＝IF(VLOOKUP(B4,Sheet1!＄B＄2:＄G＄44,4,0)＞＝60,课程对应学分!＄B＄4,0)，双击智能填充柄完成 E 列计算。

在"Sheet2（学号乱序）"工作表 F4 单元格中输入：

＝IF(VLOOKUP(B4,Sheet1!＄B＄2:＄G＄44,5,0)＞＝60,课程对应学分!＄B＄5,0)，双击智能填充柄完成 F 列计算。

在"Sheet2（学号乱序）"工作表 G4 单元格中输入：

＝IF(VLOOKUP(B4,Sheet1!＄B＄2:＄G＄44,6,0)＞＝60,课程对应学分!＄B＄6,0)，双

击智能填充柄完成 G 列计算。

# 6.3 习题及其解析

1. Excel 2016 的主要功能是( )。

A. 表格处理、文字处理、文件管理　　　　　B. 表格处理、网络通信、图表处理

C. 表格处理、数据库管理、图表处理　　　　D. 表格处理、数据库管理、网络通信

**参考答案:** C。

**【解析】**Excel 提供了电子表格、数据库、图表等功能,有效辅助用户管理与分析数据。电子表格功能实现数据的记录和整理;数据库功能实现数据分类、查询和更新;图表功能实现数据可视化,能够更直观理解和分析数据。

2. 在 Excel 2016 的数据列表中,每一列数据称为一个( )。

A. 字段　　　　　B. 数据项　　　　　C. 记录　　　　　D. 系列

**参考答案:** B。

**【解析】**Excel 数据列表中的每一列被认为是数据的一个字段(Field)。每一列,即每个字段表示同一类型的数据,如编号、名称、重量、所在城市、体积等。

3. 在 Excel 2016 工作表中插入行,会( )。

A. 覆盖插入点所在的行　　　　　　　　　B. 将插入点所在的行下移

C. 将插入点所在行上移　　　　　　　　　D. 无法进行插入

**参考答案:** B。

**【解析】**在 Excel 2016 工作表中执行插入行操作,会在插入点所在行之前插入一新行。

4. 想在 Excel 2016 工作表的 A 列和 B 列之间插入一列,在选择"插入"命令前,应选中( )。

A. A1 单元格　　　　B. C1 单元格　　　　C. A 列　　　　　D. B 列

**参考答案:** D。

**【解析】**在 Excel 2016 工作表中执行插入列操作,会在选择的列之前插入一新列。

5. 在 Excel 2016 中,"A1:C2"代表单元格( )。

A. A1、C2　　　　　　　　　　　　　B. C1、C2

C. A1、A2　　　　　　　　　　　　　D. A1、A2、B1、B2、C1、C2

**参考答案:** D。

**【解析】**在 Excel 2016 中,"A1:C2"表示从 A1 单元格开始,一直到 C2 单元格的一整片数据区域。

6. 在 Excel 2016 工作表左上角(行号和列标交叉处)有一矩形框,其作用是( )。

A. 选择整个工作表　　B. 选择第 1 行　　C. 选择第 1 列　　　D. 选择整个工作簿

**参考答案:** A。

**【解析】**在 Excel 2016 工作表左上角(行号和列标交叉处)有一矩形框,该矩形框是一个快速选择工具,单击它可以选择整个工作表。

7. 在 Excel 2016 中,下列( )是正确的区域表示法。

A. A1♯D2 B. A1. D2 C. A1:D2 D. A1＞D2

**参考答案:**C。

【解析】A1:D2 表示从 A1 单元格开始,一直到 D2 单元格的一整片数据区域,即包含了单元格 A1、A2、B1、B2、C1、C2、D1、D2。

8. 在 Excel 2016 工作表中,将 C1 单元中的公式＝A1 复制到 D2 单元后,D2 单元中的值将与( )单元中的值相等。

A. B2 B. A2 C. A1 D. B1

**参考答案:**A。

【解析】复制公式时,单元的相对地址行和列会相应变化,C1 复制到 D2,则复制后公式行和列都加 1。

9. 使用工作表建立图表后,下列说法中正确的是( )。

A. 如果改变了工作表的内容,图表不变

B. 如果改变了工作表的内容,图表也将立刻随之改变

C. 如果改变了工作表的内容,图表将在打开工作表时改变

D. 如果改变了工作表的内容,图表需要重新建立

**参考答案:**B。

【解析】在 Excel 中建立的图表会动态更新,当工作表中的数据发生变化时,对应的图表也会自动随之改变。

10. 在 Excel 2016 中,若拖动填充柄实现递减数列填充,应选中( )。

A. 两个递减数字单元格 B. 两个递增数字单元格

C. 一个文字单元格 D. 一个数字单元格

**参考答案:**A。

【解析】拖动填充柄可以快速填充数据,如果用户想要递减的数列,应选中包含递减数列的两个单元格。

11. 在 Excel 2016 中,选择活动单元格输入一个数字,按住( )键拖动填充句柄,所拖过的单元格被填入的是按 1 递增或递减数列。

A. Alt B. Ctrl C. Shift D. Delete

**参考答案:**B。

【解析】选择活动单元格输入一个数字,按住 Ctrl 键拖动填充柄,向下拖动会按 1 递增填充,向上拖动则会按 1 递减填充。

12. 在 Excel 2016 中,下列关于日期数据的叙述,错误的是( )。

A. 日期格式是数值型数据的一种显示格式

B. 不论一个数值以何种日期格式显示,值不变

C. 日期序数 5432 表示从 1900 年 1 月 1 日至该日期的天数

D. 日期值不能进行自动填充

**参考答案:**D。

【解析】选择活动单元格输入一个日期,按住 Ctrl 键拖动填充柄,向下拖动会按 1 日递增填充日期。

13. 当输入数字超过单元格能显示的位数时,则以(　　)表示。

　　A. 科学记数法　　　　B. 百分比　　　　　　C. 货币　　　　　　D. 自定义

**参考答案:**A。

【解析】在 Excel 2016 电子表格中,如果输入的数字超过 11 位数,会自动采用科学计数来表示。

14. 在 Excel 2016 中输入"123456789000",其长度超过单元格宽度时会(　　)。

　　A. 无变化　　　　　　　　　　　　B. 显示"123456 789123"

　　C. 显示"123456"　　　　　　　　D. 显示"1.23457E+11"

**参考答案:**D。

【解析】在 Excel 2016 电子表格中输入的数字如果超过 11 位,系统会自动采用科学记数来表示。

15. 在 Excel 2016 工作表中,在不同的单元格输入下面内容,其中被 Excel 2016 识别为字符型数据的是(　　)。

　　A. 3　　　　　　B. ¥20　　　　　　C. 0.5　　　　　　D. 福建

**参考答案:**D。

【解析】在 Excel 中,字符型数据通常包括文本、字符串等非数值数据。

16. 在 Excel 2016 中,若一个单元格中显示出错误信息"＃VALUE!",则表示该单元格内的(　　)。

　　A. 公式引用了一个无效的单元格坐标　　B. 公式中的参数或操作数出现类型错误

　　C. 公式的结果产生溢出　　　　　　　　D. 公式中使用了无效的名字

**参考答案:**B。

【解析】在 Excel 2016 中,若一个单元格中显示出错误信息"＃VALUE!",通常是发生了以下情况:运算时使用了非数值的单元格,公式不符合函数语法,使用数组公式时未正确输入。

17. 在 Excel 2016 工作表中,已知 A1 单元中的公式为＝AVERAGE(C1:E5),将 C 列删除之后,A1 单元中的公式将调整为(　　)。

　　A. ＝AVERAGE(D1:D5)　　　　　　　B. ＝AVERAGE(C1:E5)

　　C. ＝AVERAGE(C1:D5)　　　　　　　D. ＝AVERAGE(D1:E5)

**参考答案:**C。

【解析】将 C 列删除之后,计算的数据范围就少了一列,A1 单元的公式也会自动调整。

18. 在输入数据时,键入前导符(　　)表示要输入公式。

　　A. 空格　　　　　B. ＋　　　　　　C. ＝　　　　　　D. ％

**参考答案:**C。

【解析】在 Excel 中,输入"＝"表示公式或表达式。

19. 已知工作表中 C3 单元格与 D4 单元格的值均为 0,C4 单元格中为公式"＝C3＝D4",则 C4 单元格显示的内容为(　　)。

　　A. C3＝D4　　　　B. 真　　　　　　C. 1　　　　　　D. 0

**参考答案:**B。

【解析】单元格中第一个符号为"＝"表示公式,故结果为 C3 和 D4 的逻辑比较结果,因为它们都为 0,故比较结果为真。

# 第7章 演示文稿软件 PowerPoint 2016

**7.1 上机实验指导**

## 7.1.1 实验目的

1. 掌握 PowerPoint 2016 的基本功能以及启动和退出操作。
2. 掌握演示文稿的创建、打开、关闭和保存。
3. 掌握演示文稿视图的使用以及幻灯片的基本操作(编辑版式、插入、移动、复制和删除)。
4. 掌握幻灯片的基本制作方法(文本、图片、艺术字、形状、表格、图表等插入及格式化)。
5. 熟悉演示文稿主题选用与幻灯片背景设置。
6. 熟悉演示文稿放映设计(动画设计、放映方式设计、切换效果设计)。

## 7.1.2 实验内容

打开演示文稿,按照下列要求完成对此文稿的修饰并保存。

1. 新建演示文稿 mzd.pptx,含有 10 张幻灯片,除标题幻灯片外其余每张幻灯片中的页脚插入"湄洲岛旅游"5 个字和幻灯片编号,并且设置这 5 个字的字体颜色为自定义颜色(RGB 颜色模式:红色 0,绿色 51,蓝色 204)。

2. 设置所有幻灯片大小为"自定义":宽度 31 厘米,高度 20 厘米,并"确保适合";为整个演示文稿应用"环保"主题,背景样式为"样式 10";放映方式为"观众自行浏览(窗口)"。

3. 设置第 1 张幻灯片版式为"标题幻灯片",主标题为"湄洲岛旅游度假区",文字设置为方正舒体、54 磅;副标题为"国家 5A 风景名胜区",文字设置为方正姚体、24 磅,右对齐,如图 7-1 所示。

4. 设置第 3 张幻灯片版式为"两栏内容",标题为"湄洲岛简介",字体为方正舒体,40 磅;将文件夹下的图片文件 PPT1.jpg 插入第 3 张幻灯片的右侧内容区,图片样式为"复杂框架,黑色",图片效果为"发光:5 磅,绿色,主题色 1",并且设置图片"置于底层",图片动画为"强调-跷跷板",开始为"上一动画之后";将"素材.txt"文档中的相应文本插入左侧内容区,文本字体为宋体,大小为 18 磅,文本设置动画"进入-棋盘",效果选项为"方向:下,序列:按段落",开始为"与上一动画同时",持续 1 秒;动画顺序是先文本后图片,如图 7-2 所示。

图 7-1　第 1 张幻灯片效果

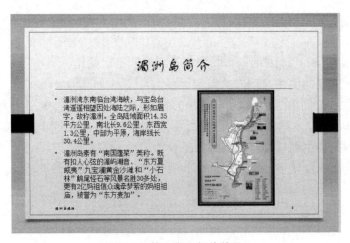

图 7-2　第 3 张幻灯片效果

5. 设置第 4 张幻灯片版式为"两栏内容",标题为"湄洲岛文旅产业",字体为方正舒体,40 磅;将试题文件夹中"素材.txt"文档中的相应文本插入左侧内容区,字体为宋体,大小为12 磅;取消"文旅第三产业是湄洲岛的优势产业……成功吸引了大量游客。"两段的项目符号,并将"全国首创妈祖文化情境交互式实景演艺项目《缘起湄洲》"、"妈祖主题大型沉浸式数字光影秀《首见妈祖》"和"妈祖文化沉浸式体验与情境行为相融合的文旅演艺项目《印象·妈祖》"这三项内容的列表级别降低一个等级(即增大缩进级别)。右侧内容区插入 4 行2 列的表格,第 1 行第 1、2 列内容依次为"项目内容"和"2024 年 1—6 月份",其他内容如下所示。表格文字全部设置为 11 磅,水平和垂直方向均居中对齐,设置表格高度 3 厘米,宽度12 厘米,用内置表格样式"中度样式 1-强调 1"修饰表格。

| 项目内容 | 2024 年 1—6 月份 |
| --- | --- |
| 第一产业(亿元) | 3.27 |
| 第二产业(亿元) | 1.27 |
| 第三产业(亿元) | 7.35 |

根据上述"项目内容"和"2024 年 1—6 月份"两列的内容,在该幻灯片的下方插入一个内

置样式为"样式 1"的饼图,图表标题为"2024 年 1—6 月湄洲岛主要经济情况",数据标签为"数据标签外",包括类别名称和百分比,不显示图例,设置饼图的分离程度为"10％";设置图表高度为 8 厘米,宽度为 12 厘米;图表在幻灯片上的水平位置为"16 厘米""从左上角",垂直位置为"10 厘米""从左上角",如图 7-3 所示。

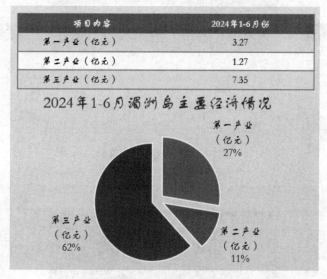

图 7-3　第 4 张幻灯片中图表的效果

6. 设置第 5 张幻灯片版式为"标题与内容",标题为"风景名胜",字体为方正舒体,40 磅;将"素材.txt"文档中的相应文本插入内容区,取消段落的项目符号,字体为宋体,28 磅。分别为标题和内容设置一动画效果,动画顺序是先标题后内容,如图 7-4 所示。

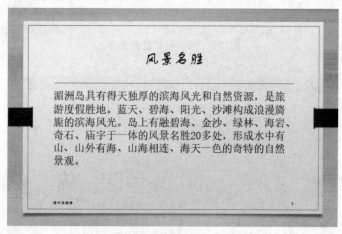

图 7-4　第 5 张幻灯片效果

7. 设置第 6～9 张幻灯片版式均为"带描述的全景图片",将文件夹下的图片文件 PPT2.jpg、PPT3.jpg、PPT4.jpg、PPT5.jpg 依次插入各幻灯片的图片区;将"素材.txt"文档中的相应文本插入标题与文本区,标题区内容左对齐,字体为方正舒体,25 磅;文本区左对齐,字体设置为宋体,14 磅,并在第 9 张幻灯片中添加备注内容"美国一位环球旅行家触景生情,赞美此地为'东方夏威夷'。"如图 7-5～图 7-8 所示。

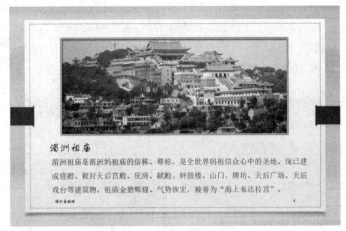

**图 7-5　第 6 张幻灯片效果**

**图 7-6　第 7 张幻灯片效果**

**图 7-7　第 8 张幻灯片效果**

图 7-8　第 9 张幻灯片效果

8. 设置第 10 张幻灯片版式为"标题与内容",标题为"所获荣誉",字体为方正舒体,40 磅;将内容区插入一个 SmartArt 图形,版式为"重点流程",内容来源于"素材.txt"文档中的相应文本,并设置样式为"优雅",更改颜色为"彩色填充-个性色 2",并设置其动画效果为"进入/飞入",效果选项的方向为"自右侧",序列为"逐个",如图 7-9 所示。

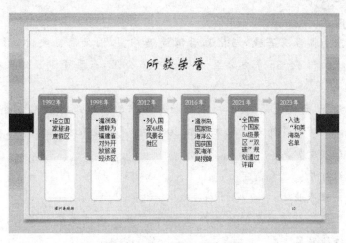

图 7-9　第 10 张幻灯片效果

9. 设置第 2 张幻灯片版式为"空白",设置该张幻灯片的背景为"顶部聚光灯-个性色 4"的预设渐变;插入一个形状"星与旗帜/卷形(水平)",形状填充为"深蓝(标准色)",高度为 3 厘米,宽度为 5 厘米。形状的水平位置为"2.2 厘米""从左上角",垂直位置为"1.7 厘米""从左上角";插入样式为"填充:白色;轮廓:橙色,主题色 5;阴影"的艺术字,文字为"目录",文字大小为 48 磅,艺术字文字效果为"棱台-草皮",将艺术字"目录"移至卷形形状正上方,并将两者对象组合成一个图形。插入一个 SmartArt 图形,版式为"垂直曲形列表",SmartArt 各图形中的文字依次为"湄洲岛简介"、"湄洲岛文旅产业"、"风景名胜"和"所获荣誉",并且设置每一个内容超链接到相应的幻灯片。隐藏第 6~9 张幻灯片使其在放映时不显示。如图 7-10 所示。

图 7-10　第 2 张幻灯片效果

10. 设置第 1、3、5 张幻灯片切换效果为"揭开"，效果选项为"从右下部"；设置第 2、4、10 张幻灯片切换效果为"梳理"，效果选项为"垂直"。

"素材.txt"内容如下：

第 3 张幻灯片

湄洲岛简介

湄洲湾东南临台湾海峡，与宝岛台湾遥遥相望，因处海陆之际，形如眉字，故称湄洲。全岛陆域面积 14.35 平方公里，南北长 9.6 公里，东西宽 1.3 公里，中部为平原，海岸线长 30.4 公里。

湄洲岛素有"南国蓬莱"美称。既有扣人心弦的湄屿潮音、"东方夏威夷"九宝澜黄金沙滩和"小石林"鹅尾怪石等风景名胜 30 多处，更有 2 亿妈祖信众魂牵梦萦的妈祖祖庙，被誉为"东方麦加"。

第 4 张幻灯片

湄洲岛文旅产业

文旅第三产业是湄洲岛的优势产业、支柱产业。通过发展旅游业，实现了经济的快速增长和可持续发展。

湄洲岛通过推进"吃住行游购娱会赛展"全要素补链强链，成功吸引了大量游客。

推动"湄洲人家"民宿个性化、高端化升级，加速了民宿业的发展。

美食夜市享受海岛上的舌尖"湄"味。

深挖妈祖文化，积极组织推动演艺创新，提供高品质文化体验。

全国首创妈祖文化情境交互式实景演艺项目《缘起湄洲》

妈祖主题大型沉浸式数字光影秀《首见妈祖》

妈祖文化沉浸式体验与情境行为相融合的文旅演艺项目《印象·妈祖》

第 5 张幻灯片

风景名胜

湄洲岛具有得天独厚的滨海风光和自然资源，是旅游度假胜地。蓝天、碧海、阳光、沙滩构成浪漫旖旎的滨海风光。岛上有融碧海、金沙、绿林、海岩、奇石、庙宇于一体的风景名胜 20 多处，形成水中有山、山外有海、山海相连、海天一色的奇特的自然景观。

第 6 张幻灯片

湄洲祖庙

湄洲祖庙是湄洲妈祖庙的俗称、尊称，是全世界妈祖信众心中的圣地。现已建成寝殿、敕封天后宫殿、庑房、献殿、钟鼓楼、山门、牌坊、天后广场、天后戏台等建筑物。祖庙金碧辉煌，气势恢宏，被誉为"海上布达拉宫"。

第 7 张幻灯片

鹅尾神石

鹅尾神石园位于风景秀丽的湄洲岛国家旅游度假区最南端，与北端举世闻名的妈祖庙景区遥相呼应，是一个天然的"石盆景"，有"小石林"之称。公园因其形似鹅尾，岩石奇特而得名。这些奇石神形俱佳，形象生动，引人入胜。

第 8 张幻灯片

湄屿潮音

海岸岩石错列，有大片辉绿岩，受风涛冲蚀，年长月久，形成天然凹槽，宽一二米，长数百米。随着潮汐吞吐，产生共振，便发出奇妙而有节奏的音响。

第 9 张幻灯片

九宝澜黄金沙滩

湄州岛黄金沙滩位于湄洲岛西南突出部的连岛沙坝上，沙滩长 3000 米，宽 300～500 米，主要由细沙组成，滩平坡缓，沙细如面，色如黄金。北拥千畴绿林，南临万顷碧波，碧海银滩，被誉为"天下第一滩"。

第 10 张幻灯片

所获荣誉

1992 年，设立国家旅游度假区

1998 年，湄洲岛被辟为福建省对外开放旅游经济区

2012 年，列入国家 AAAA 级风景名胜区

2016 年，湄洲岛国家级海洋公园获国家海洋局授牌

2021 年，全国首个国家 5A 级景区"双碳"规划通过评审

2023 年，入选"和美海岛"名单

## 7.1.3　实验步骤

**第 1 小题：**

步骤 1：单击鼠标右键，选择新建演示文稿，将文件重命名为 mzd. pptx。

步骤 2：打开演示文稿 mzd. pptx，在"开始"选项卡中，单击"幻灯片"工具组中"新建幻灯片"，选择版式为标题幻灯片（重复此操作 10 次）。

步骤 3：在"插入"选项卡中，单击"文本"工具组中"页眉和页脚"，在弹出的"页眉和页脚"

对话框中勾选"幻灯片编号",勾选"页脚",在页脚中输入"湄洲岛旅游",勾选"标题幻灯片中不显示",单击"全部应用"按钮,如图 7-11 所示。

图 7-11　页眉和页脚内容设置

步骤 4:在"视图"选项卡中,单击"母版视图"工具组中的"幻灯片母版",在右侧的视图窗格中选中最顶端的幻灯片母版,如图 7-12 所示。然后在幻灯片母版编辑区中选中"湄洲岛旅游"5 个字,接着在"开始"选项卡中单击"字体"工具组的"字体颜色"下拉按钮,选中下拉列表中的"其他颜色",如图 7-13 所示。在弹出的"颜色"对话框中勾选选项卡"自定义",在对应的页框中输入 RGB 值:红色 0,绿色 51,蓝色 204,单击"确定"按钮,如图 7-14 所示。最后,在"幻灯片母版"选项卡中单击"关闭母版视图"按钮,如图 7-15 所示。

图 7-12　选中幻灯片母版

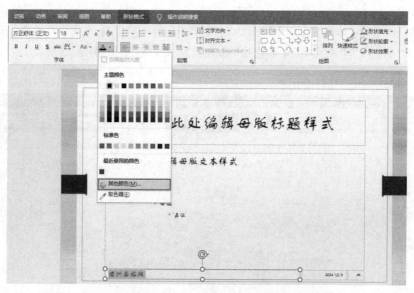

图 7-13 幻灯片母版中选定文字的字体颜色设置

图 7-14 RGB 设置

图 7-15 关闭母版视图

**第 2 小题：**

步骤 1：在"设计"|"自定义"分组中的"幻灯片大小"下拉菜单列表中单击"自定义幻灯片大小"，在弹出的"幻灯片大小"对话框中，输入自定义的宽度和高度，单击"确定"按钮，如图 7-16 和图 7-17 所示。

图 7-16  选中"幻灯片大小"

图 7-17  "幻灯片大小"设置

步骤 2：在"幻灯片放映"选项卡中单击"设置"工具组中的"设置幻灯片放映"，在弹出的"设置放映方式"对话框中设置"观众自行浏览（窗口）"，如图 7-18 所示，单击"确定"按钮。

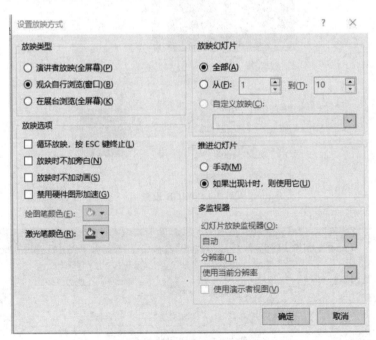

图 7-18  幻灯片放映方式设置

**第 3 小题：**

步骤 1：选中第 1 张幻灯片，在标题占位符中输入标题内容"湄洲岛旅游度假区"，在副标题占位符中输入副标题内容"国家 5A 风景名胜区"。

步骤 2：选中主标题框，在"开始"|"字体"分组中设置字体为"方正舒体"，字号为"54"。选中副标题框，在"开始"|"字体"分组中设置字体为"方正姚体"，字号为"24"。单击"开始"|"段落"分组中"右对齐"按钮。

**第 4 小题：**

步骤 1：选中第 3 张幻灯片，单击"开始"|"幻灯片"分组中的"版式"下拉按钮，选中下拉列表中的"两栏内容"版式，将标题修改为"湄洲岛简介"。

步骤 2：单击右侧内容区占位符中的"图片"按钮，打开"插入图片"对话框，在路径中找到指定文件夹，选中其中的"PPT1.jpg"图片，单击"插入"按钮。

步骤 3：选中插入的图片，单击"图片工具"|"图片格式"|"图片样式"分组中的"复杂框架，黑色"，如图 7-19 所示。

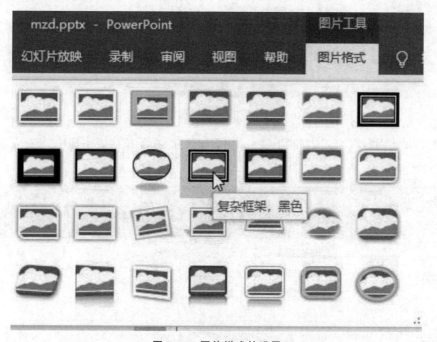

**图 7-19　图片样式的设置**

步骤 4：单击"图片样式"分组中的"图片效果"下拉按钮，在下拉列表中选中"发光"级联菜单中的"发光变体"中"发光：5 磅；绿色，主题色 1"效果，如图 7-20 所示。

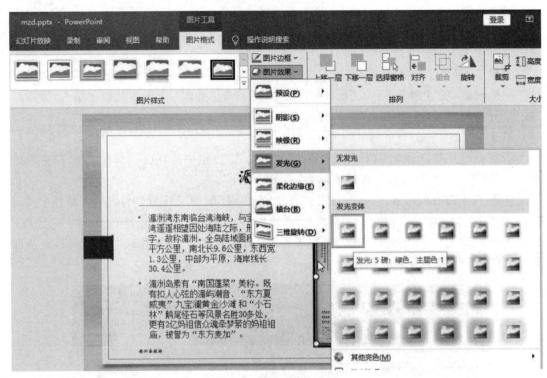

图 7-20　图片效果的设置

步骤 5：单击"排序"分组中的"下移一层"下拉按钮，在下拉列表中选中"置于底层"，如图 7-21 所示。

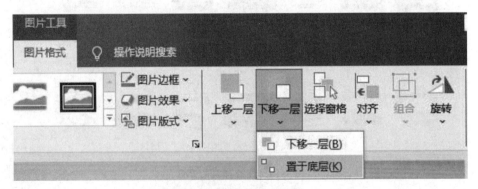

图 7-21　图片排序的设置

步骤 6：选中右侧内容区的图片，在"动画"|"高级动画"分组中，单击"添加动画"按钮，选择"强调"中的"跷跷板"，如图 7-22 所示。接下来，选择"计时"分组中的"开始"后的"上一动画之后"。

图 7-22　图片动画的设置

步骤 7：打开指定文件夹下的"素材.txt"文档，选中文字段"湄洲湾东南临台湾海峡……被誉为'东方麦加'。"，按 Ctrl＋C 组合键，将光标定位于第 3 张幻灯片左侧文本区，按 Ctrl＋V 组合键。

步骤 8：选中左侧文本框，在"开始"|"字体"分组中，设置字体为"宋体"，字号为"18"。

步骤 9：选中左侧文字占位符，单击"动画"|"动画"分组中的"其他"按钮，在下拉列表中单击"进入"中的"棋盘"，单击"动画"|"动画"分组中"效果选项"下拉框中选择"方向：下，序列：按段落"，单击"动画"|"计时"分组中的"开始"下拉按钮，选中"与上一动画同时"，如图 7-23 所示。

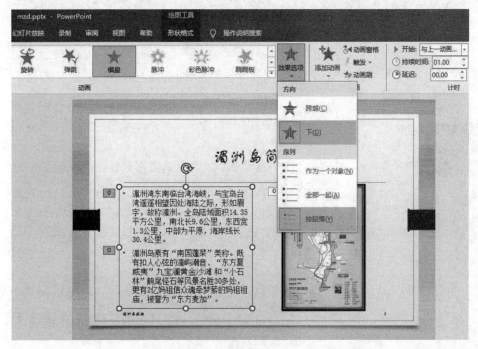

图 7-23　文字占位符动画效果选项及动画计时的设置

步骤10：单击"高级动画"分组中的"动画窗格"按钮，打开"动画窗格"列表，拖动文本占位符在上方，图片占位符在下方，单击"关闭"按钮，如图7-24所示。

第5小题：

步骤1：选中第4张幻灯片，单击"开始"|"幻灯片"分组中的"版式"下拉按钮，选中下拉列表中的"两栏内容"版式，将标题修改为"湄洲岛文旅产业"，在"开始"|"字体"分组中，设置字体为"方正舒体"，字号为"40"。

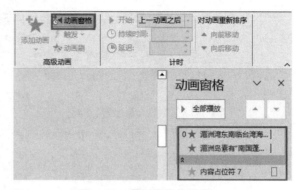

图7-24　动画窗格的设置

步骤2：打开指定文件夹下的"素材.txt"文档，选中文字段"文旅第三产业是湄洲岛的优势产业、支柱产业。通过发展旅游业……妈祖文化沉浸式体验与情境行为相融合的文旅演艺项目《印象·妈祖》"，按Ctrl+C组合键，将光标定位于幻灯片左侧文本区中，按Ctrl+V组合键；选中左侧文本框，在"开始"|"字体"分组中，设置字体为"宋体"，字号为"12"。

步骤3：选中"文旅第三产业是湄洲岛的优势产业……成功吸引了大量游客。"两段的内容后，单击"开始"|"段落"分组中的"项目符号"下拉列表中的"无"；再选中"全国首创妈祖文化情境交互式实景演艺项目《缘起湄洲》……妈祖文化沉浸式体验与情境行为相融合的文旅演艺项目《印象·妈祖》"三项内容后，单击"开始"|"段落"分组中的"提高列表级别"按钮，如图7-25所示。

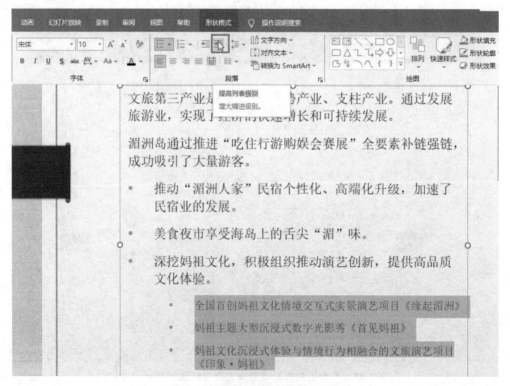

图7-25　提高段落列表级别设置

步骤 4：单击右侧内容区占位符中的"表格"按钮，打开"插入表格"对话框，输入 4 行和 2 列，单击"确定"按钮；在表格的各单元格内输入指定的内容。

步骤 5：选中插入的表格，在"开始"|"字体"分组中，设置字号为"11"；单击"表格工具"|"表布局"|"对齐方式"分组中的"垂直居中"按钮；在"表格尺寸"分组中，输入"高度：3 厘米，宽度：12 厘米"，如图 7-26 所示。

**图 7-26　表格对齐方式及高度和宽度的设置**

步骤 6：选中插入的表格，单击"表格工具"|"表设计"|"表格样式"分组中的"中度样式 1-强调 1"，如图 7-27 所示。

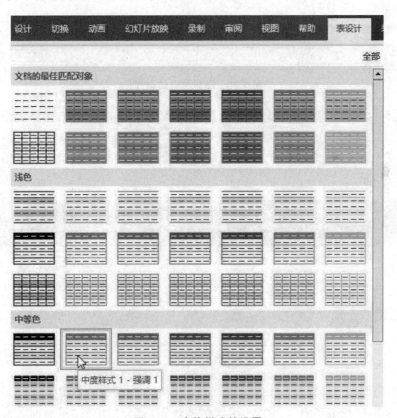

**图 7-27　表格样式的设置**

步骤 7：在"插入"|"插图"分组中，单击"图表"按钮，在弹出的"插入图表"对话框左侧选中"饼图"，在右侧选中"饼图"，单击"确定"按钮，如图 7-28 所示。

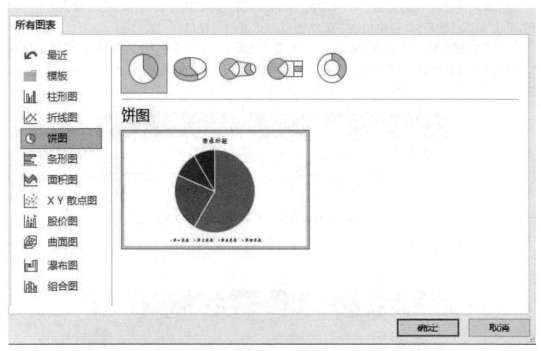

**图 7-28　图表类型的选择**

步骤 8：在打开的"工作簿"中输入幻灯片中表格"项目内容"和"2024 年 1—6 月份"两列的内容，关闭工作簿。

步骤 9：在"图表工具"|"图表设计"分组中，单击"图表样式"下拉列表中的"样式 1"样式，如图 7-29 所示。

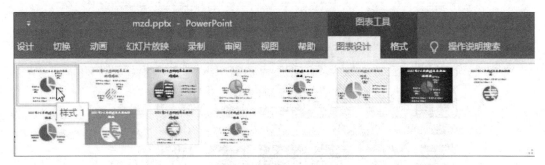

**图 7-29　图表样式设置**

步骤 10：将图表标题修改为"2024 年 1—6 月湄洲岛主要经济情况"。

步骤 11：单击"图表工具"|"图表设计"|"图表布局"分组中的"添加图表元素"下拉按钮，在列表中选中"数据标签"级联菜单中的"数据标签外"，如图 7-30 所示。

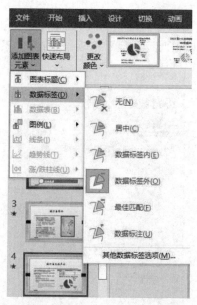

**图 7-30**　添加图表元素(数据标签)

步骤 12:单击"图表工具"|"图表设计"|"图表布局"分组中的"添加图表元素"下拉按钮,在列表中选中"图例"级联菜单中的"无"。

步骤 13:在图表饼图上单击鼠标右键,在弹出的菜单中单击"设置数据标签格式"命令,打开"设置数据标签格式"窗口,如图 7-31 所示。在"标签选项"选项卡中展开"标签选项",勾选标签包含"类别名称"和"百分比",如图 7-32 所示。

**图 7-31**　选中"设置数据标签格式"命令

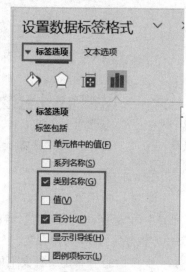

**图 7-32**　数据标签格式的设置

步骤14：在图表饼图上单击鼠标右键，在弹出的菜单中单击"设置数据系列格式"命令，打开"设置数据系列格式"窗口，在"系列选项"选项卡中展开"系列选项"，在饼图分离中输入"10％"，如图7-33所示。

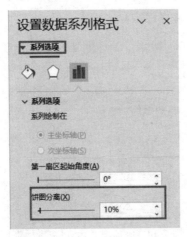

图7-33 数据系列格式的设置

步骤15：在图表区上单击鼠标右键，在弹出的菜单中单击"设置图表区格式"命令，打开"设置图表区格式"窗口，单击"图表选项"选项卡的"大小与属性"按钮，输入大小"高度：8厘米，宽度：12厘米"，如图7-34所示；输入位置"水平位置：16厘米，从左上角，垂直位置：10厘米，从左上角"，如图7-35所示。

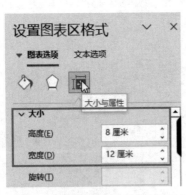

图7-34 图表选项"大小"的设置

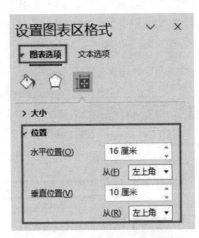

图7-35 图表选项"位置"的设置

**第6小题：**

步骤1：选中第5张幻灯片，单击"开始"|"幻灯片"分组中的"版式"下拉按钮，选中下拉列表中的"标题与内容"版式，将标题修改为"风景名胜"；在"开始"|"字体"分组中，设置字体为"方正舒体"，字号为"40"。

步骤2：打开指定文件夹下的"素材.txt"文档，选中文字段"湄洲岛具有得天独厚的滨海风光和自然资源……海天一色的奇特的自然景观。"，按Ctrl＋C组合键，将光标定位于第5张幻灯片文本区中，按Ctrl＋V组合键。

步骤 3：选中文本框，单击"开始"|"段落"分组中的"项目符号"下拉列表中的"无"；在"开始"|"字体"分组中，设置字体为"宋体"，字号为"28"。

步骤 4：分别选中标题与文本框，单击"动画"|"动画"分组中的"其他"按钮，任选一动画效果。

**第 7 小题：**

步骤 1：选中第 6 张幻灯片，单击"开始"|"幻灯片"分组中的"版式"下拉按钮，选中下拉列表中的"带描述的全景图片"版式。

步骤 2：单击该幻灯片上方区占位符中的"图片"按钮，打开"插入图片"对话框，在路径中找到指定文件夹，选中其中的"PPT2.jpg"图片，单击"插入"按钮。

步骤 3：将该幻灯片标题区内容修改为"湄洲祖庙"；在"开始"|"字体"分组中，设置字体为"方正舒体"，字号为"25"；在"开始"|"段落"分组中，单击"左对齐"按钮。

步骤 4：打开指定文件夹下的"素材.txt"文档，选中文字段"湄洲祖庙是湄洲妈祖庙的俗称、尊称……，被誉为'海上布达拉宫'。"，按 Ctrl＋C 组合键，将光标定位于第 6 张幻灯片下方的文本区，按 Ctrl＋V 组合键；在"开始"|"字体"分组中，设置字体为"宋体"，字号为"14"；在"开始"|"段落"分组中，单击"左对齐"按钮。

步骤 5：采用步骤 1～4 同样的方法，创建第 7～9 张幻灯片。

步骤 6：选中第 9 张幻灯片，在"视图"|"显示"分组中，单击"备注"状态，如图 7-36 所示。在备注区输入"美国一位环球旅行家触景生情，赞美此地为'东方夏威夷'。"。

**图 7-36　备注内容的设置**

**第 8 小题：**

步骤 1：选中第 10 张幻灯片，单击"开始"|"幻灯片"分组中的"版式"下拉按钮，选中下拉列表中的"标题与内容"版式，将标题修改为"所获荣誉"；在"开始"|"字体"分组中，设置字体为"方正舒体"，字号为"40"。

步骤 2：在"插入"|"插图"分组中，单击"SmartArt"按钮，弹出"选择 SmartArt 图形"对话框，如图 7-37 所示。选中"流程"中的"重点流程"，单击"确定"按钮。

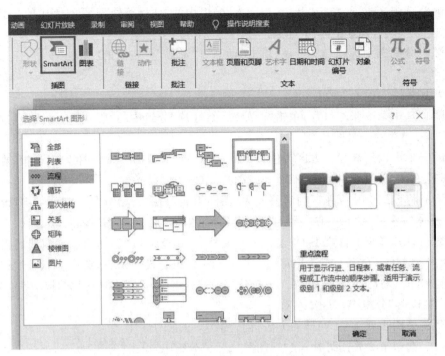

**图 7-37** "选择 SmartArt 图形"对话框

步骤 3：打开试题文件夹下的"素材.docx"文件，将素材中相应内容复制到 SmartArt 图形的对应形状中。

步骤 4：选中 SmartArt 图形，在"SmartArt 工具"|"SmartArt 设计"|"SmartArt 样式"中选中"优雅"样式，如图 7-38 所示。

步骤 5：选中 SmartArt 图形，在"SmartArt 工具"|"SmartArt 样式"分组中，选中"更改颜色"下拉列表中的"彩色填充-个性色 2"，如图 7-39 所示。

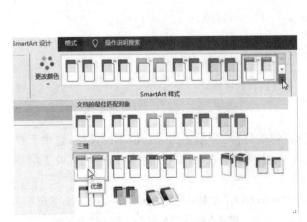

**图 7-38 SmartArt 样式的设置**

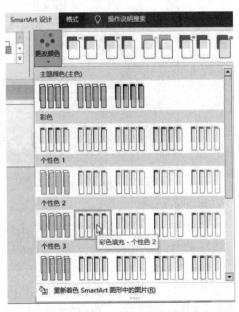

**图 7-39 SmartArt"更改颜色"的设置**

步骤 6：选中 SmartArt 图形，单击"动画"|"动画"分组中的"进入"分类中的"飞入"。

步骤 7：单击"效果选项"，在列表中的"方向"分类中选中"下浮"，在"序列"中选中"逐个"。

**第 9 小题：**

步骤 1：选中第 2 张幻灯片，单击"开始"|"幻灯片"分组中的"版式"下拉按钮，选中下拉列表中的"空白"版式。

步骤 2：在"设计"|"自定义"分组中，单击"设置背景格式"按钮，在"设置背景格式"窗口中，选择"渐变填充"按钮，在预设渐变后选择"顶部聚光灯-个性色 4"，单击"关闭"按钮，如图 7-40 所示。

步骤 3：单击"插入"|"插图"分组中的"形状"下拉按钮，在下拉列表中选中"星与旗帜"中的"卷形-水平"，如图 7-41 所示。在幻灯片中按住鼠标左键，绘制一个"水平卷形"形状。

步骤 4：选中卷形形状，在"绘图工具"|"形状样式"分组中，单击"形状填充"下拉列表，选中"深蓝（标准色）"。

步骤 5：选中卷形形状，单击鼠标右键，在弹出的菜单中单击"设置形状格式"命令，打开"设置形状格式"窗口，在"形状选项"选项卡中，单击"大小与属性"按钮，输入大小"高度：3 厘米，宽度：5 厘米"；输入位置"水平位置：2.2 厘米，从左上角，垂直位置：1.7 厘米，从左上角"，如图 7-42 所示。

图 7-40　幻灯片背景格式的设置

图 7-41　选中"卷形-水平"形状

图 7-42　形状格式"大小"与"位置"的设置

步骤6：单击"插入"|"文本"分组中的"艺术字"下拉框中的"填充：白色；轮廓：橙色，主题色5；阴影"样式，如图7-43所示。将文字改为"目录"，在"开始"|"字体"分组中将字号设置为"48"。

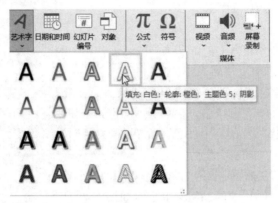

**图7-43　插入艺术字样式**

步骤7：选中艺术字，在"绘图工具"|"形状格式"|"艺术字样式"分组中，单击"文本效果"下拉按钮，在下拉列表中的"棱台"级联菜单中选择"草皮"，如图7-44所示。

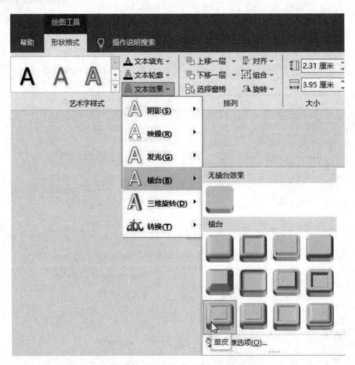

**图7-44　艺术字文本效果的设置**

步骤8：将艺术字"目录"移至卷形形状正上方，按住Ctrl键依次选中艺术字和卷形形状，单击"绘图工具"|"形状格式"|"排列"分组中的"组合"按钮，在列表中选中"组合"命令，如图7-45所示。

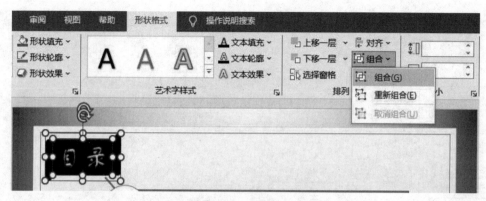

**图 7-45　艺术字文本效果的设置**

步骤 9：在"插入"|"插图"分组中，单击"SmartArt"按钮，弹出"选择 SmartArt 图形"对话框，选中"列表"中的"垂直曲形列表"，单击"确定"按钮。

步骤 10：将文字"湄洲岛简介"、"湄洲岛文旅产业"、"风景名胜"和"所获荣誉"依次复制到 SmartArt 图形的对应形状中。

步骤 11：选中 SmartArt 图形的"湄洲岛简介"内容，单击鼠标右键，在弹出的菜单中单击"超链接"命令，打开"插入超链接"对话框，在"链接到"中选中"本文档中的位置"，在"请选择文档中的位置"中选中第 3 张幻灯片，单击"确定"按钮，如图 7-46 所示。

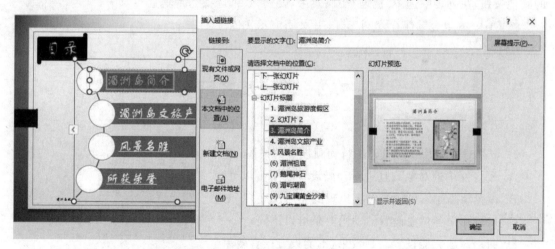

**图 7-46　插入超链接的设置**

步骤 12：采用与步骤 11 同样的方法，为其他项内容添加相应的超链接。

步骤 13：在右侧的视图窗格中，选中第 6～9 张幻灯片(选中办法主要有两种：一是按住 Ctrl 键，依次一个个选中；二是先选中连续幻灯片头部的那张幻灯片，接着按住 Shift 键，再去选中连续幻灯片尾部的另一张幻灯片)，在选中的幻灯片内单击鼠标右键，在弹出的菜单中单击"隐藏幻灯片"命令。

**第 10 小题：**

步骤 1：按住 Ctrl 键，选中第 1、3、5 张幻灯片，单击"切换"|"切换到此幻灯片"分组中的其他按钮，在列表中选中"揭开"切换效果，设置"效果选项"为"从右下部"，如图 7-47 所示。

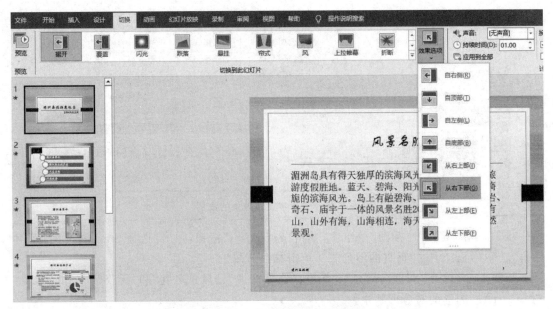

**图 7-47 幻灯片切换效果的设置**

步骤 2：按住 Ctrl 键，选中第 2、4、10 张幻灯片，单击"切换"|"切换到此幻灯片"分组中的其他按钮，在列表中选中"梳理"切换效果，设置"效果选项"为"垂直"。

按 Ctrl＋S 组合键保存 mzd.pptx 并关闭演示文稿。

# 7.2 习题及其解析

1. 下列对幻灯片中的对象进行动画设置的描述，正确的是(　　)。

A. 幻灯片中的对象一旦进行动画设置就不可以改变

B. 设置动画时不可改变对象出现的先后次序

C. 幻灯片中各对象设置的动画效果可以不同

D. 每一对象只能设置动画效果，不能设置声音效果

**参考答案**：C。

**【解析】**幻灯片中的对象可以改变动画设置，也可以改变出现的先后次序，还能设置声音效果，各对象设置的动画效果可以不同，所以答案是 C。

2. 关于插入在幻灯片里的图片、图形等对象，下列操作描述中正确的是(　　)。

A. 这些对象放置的位置不能重叠

B. 这些对象放置的位置可以重叠，叠放的次序可以改变

C. 这些对象各自独立，不能组合为一个对象

D. 这些对象无法被一起复制或移动

**参考答案**：B。

第 7 章　演示文稿软件 PowerPoint 2016

【解析】插入在幻灯片里的图片、图形等对象的位置可以重叠,叠放次序可以改变,也可以组合为一个对象,还能一起复制或移动,所以答案是 B。

3. 在 PowerPoint 2016 的幻灯片浏览视图中,可进行的操作有(　　)。

A. 复制幻灯片　　　　　　　　　B. 幻灯片文本内容的编辑修改

C. 设置幻灯片的动画效果　　　　D. 读入 Word 字处理软件

参考答案:A。

【解析】在幻灯片浏览视图中可进行复制幻灯片的操作,不能进行幻灯片文本内容的编辑修改、设置动画效果以及读入 Word 字处理软件等操作,所以答案是 A。

4. 在为 PowerPoint 2016 的演示文稿的文本加入动画效果时,艺术字体只能实现(　　)。

A. 整批发送　　　B. 按字发送　　　C. 按字母发送　　　D. 按顺序发送

参考答案:A。

【解析】艺术字体作为一个整体,也可以理解为图片对象,只能实现整批发送,而不能按字或字母发送。

5. 在 PowerPoint 2016 中,可以设置幻灯片布局的命令为(　　)。

A. 背景　　　　B. 幻灯片版式　　　C. 幻灯片配色方案　　D. 设置放映方式

参考答案:B。

【解析】在 PowerPoint 2016 中,可以设置幻灯片布局的命令是幻灯片版式,背景是设置幻灯片的背景,幻灯片配色方案是设置颜色搭配,设置放映方式是关于放映的设置,所以答案是 B。

6. 在 PowerPoint 2016 中,对于已经插入一张幻灯片里的剪贴画,不能(　　)。

A. 从四边剪裁　　　　　　　　　B. 缩放其大小

C. 移动其在幻灯片中的位置　　　D. 增加画面中的具体图形内容

参考答案:D。

【解析】对于已经插入一张幻灯片里的剪贴画,可以从四边剪裁、缩放其大小、移动其在幻灯片中的位置,但不能增加画面中的具体图形内容,所以答案是 D。

7. 在 PowerPoint 2016 环境下放映幻灯片的快捷键为(　　)。

A. F1 键　　　　　B. F5 键　　　　　C. F8 键　　　　　D. F10 键

参考答案:B。

【解析】在 PowerPoint 2016 环境下放映幻灯片的快捷键为 F5 键,F1 键通常是帮助键,F8 键和 F10 键不是放映幻灯片的快捷键,所以答案是 B。

8. 在大纲视图方式下可以进行的操作是(　　)。

A. 显示、编辑幻灯片文本部分　　B. 添加文本、图片

C. 改变显示比例　　　　　　　　D. 显示每张幻灯片

参考答案:A。

【解析】在大纲视图方式下可以显示、编辑幻灯片文本部分,不能添加文本、图片(图片需在幻灯片视图添加),也不能改变显示比例和显示每张幻灯片,所以答案是 A。

153

9. 在放映幻灯片时,从一张幻灯片过渡到下一张幻灯片,称为(    )。

    A. 动作设置　　　　　B. 过渡　　　　　　C. 幻灯片切换　　　D. 转移

**参考答案:**C。

【解析】在放映幻灯片时,从一张幻灯片过渡到下一张幻灯片称为幻灯片切换,动作设置是设置对象的动作,过渡表述不准确,转移不是专业术语,所以答案是 C。

10. 在幻灯片浏览视图中选取了一张幻灯片作为当前幻灯片,然后进行插入新幻灯片的操作,新幻灯片将位于(    )。

    A. 所选幻灯片之前,操作完成后,原来所选的幻灯片仍为当前幻灯片

    B. 所选幻灯片之前,操作完成后,新幻灯片为当前幻灯片

    C. 所选幻灯片之后,操作完成后,原来所选的幻灯片仍为当前幻灯片

    D. 所选幻灯片之后,操作完成后,新幻灯片为当前幻灯片

**参考答案:**D。

【解析】在幻灯片浏览视图中选取一张幻灯片后插入新幻灯片,新幻灯片将位于所选幻灯片之后,操作完成后,新幻灯片为当前幻灯片,所以答案是 D。

11. 在幻灯片的"动作设置"对话框中设置的超链接对象可以是(    )。

    A. 该幻灯片中的文字对象　　　　　　B. 该幻灯片中的声音对象

    C. 该幻灯片中的图形对象　　　　　　D. 其他幻灯片

**参考答案:**D。

【解析】在幻灯片的"动作设置"对话框中设置的超链接对象可以是其他幻灯片,文字、声音、图形对象本身不能直接在动作设置中作为超链接对象(可以设置它们链接到其他幻灯片),所以答案是 D。

12. 幻灯片中可以设置动画的对象为(    )。

    A. 文本　　　　　　B. 图片　　　　　　C. 表格　　　　　　D. 以上三种都可以

**参考答案:**D。

【解析】幻灯片中文本、图片、表格都可以设置动画,所以答案是 D。

13. 下列有关幻灯片文本框的描述,正确的是(    )。

    A. "横排文本框"的含义是文本框高度尺寸比宽度尺寸小

    B. 选定一个版式后,其内容的文本框的位置不可以改变

    C. 复制文本框时,内部添加的文本一同被复制

    D. 文本框的大小只可以通过鼠标来精确调整

**参考答案:**C。

【解析】"横排文本框"是指文本横向排列,与尺寸无关;选定一个版式后,文本框位置可以改变;复制文本框时,内部文本一同被复制;文本框大小可以通过鼠标拖动大致调整,也可以通过设置精确调整。所以答案是 C。

14. 若要编辑幻灯片中的图片对象,应选择(    )。

    A. 幻灯片浏览视图　　　　　　　　　B. 幻灯片视图

    C. 幻灯片放映视图　　　　　　　　　D. 大纲视图

**参考答案:**B。

【**解析**】要编辑幻灯片中的图片对象,应选择幻灯片视图;幻灯片浏览视图可以对幻灯片进行添加、删除、复制、移动和隐藏等操作,但不能对幻灯片的内容进行编辑;幻灯片放映视图用于放映;大纲视图主要用于编辑文本。所以答案是 B。

15. 要终止幻灯片的放映,可以直接按(　　)键。

A. Ctrl+C　　　　　　B. Esc　　　　　　C. End　　　　　　D. Alt+F4

**参考答案:**B。

【**解析**】要终止幻灯片的放映,可以直接按 Esc 键。Ctrl+C 是复制的快捷键,End 不是终止放映的快捷键,Alt+F4 是关闭程序的快捷键。所以答案是 B。

# 全国计算机基础及 MS Office 应用考试模拟卷

## 模拟试卷(一)

### 一、选择题

1. 1946 年世界上第一台现代电子数字计算机诞生于美国宾夕法尼亚大学,该计算机的英文缩写名为(　　)。

A. EDSAC　　　　B. ENIAC　　　　C. MARK-Ⅱ　　　　D. EDVAC

2. 计算机指令是指挥机器工作的指示和命令,它由以下(　　)两部分构成。

A. 操作数和结果　　　　　　　　B. 运算符和运算数

C. 操作码和操作数　　　　　　　D. 数据和字符

3. 计算机系统是一个可以接收、处理、输出信息的机器系统,完整的计算机系统应该包括(　　)。

A. 主机、键盘和显示器　　　　　B. 硬件系统和软件系统

C. 系统软件和应用软件　　　　　D. 主机和它的外部设备

4. 计算机硬件的主要组成部分有中央处理器(CPU)、存储器、输入设备和(　　)。

A. 打印机　　　B. 鼠标　　　C. 显示器　　　D. 输出设备

5. 构成 CPU 的两大部件分别是运算器和(　　)。

A. 控制器　　　B. Cache　　　C. 存储器　　　D. 计算器

6. 关于随机存取存储器(RAM),以下叙述正确的是(　　)。

A. 发生断电时,SRAM 和 DRAM 中的数据会全部丢失

B. DRAM 存取速度优于 SRAM

C. 相比于 DRAM,SRAM 集成度更高

D. DRAM 可用于 Cache

7. 以下(　　)单位用来度量计算机外设的传输率。

A. GHz　　　B. MIPS　　　C. MB/s　　　D. MB

8. 下列中英文对照中,错误的是(　　)。

A. CAI——计算机辅助教育　　　B. CAM——计算机辅助制造

C. CIMS——计算机集成管理系统　　D. CAD——计算机辅助设计

9. 以下度量存储器容量的单位中,表示的单位最大的是( )。

A. KB          B. MB          C. TB          D. GB

10. 将十进制数 48 转换成无符号二进制数,以下选项中正确的是( )。

A. 0110000        B. 0101100        C. 0110101        D. 0101010

11. 在 ASCII 码表中,按照码值升序排列,顺序依次是( )。

A. 空格、数字、英文大写字母、英文小写字母

B. 空格、数字、英文小写字母、英文大写字母

C. 数字、空格、英文大写字母、英文小写字母

D. 数字、大写英文字母、英文小写字母、空格

12. 一个汉字国标码占用的存储空间是 2 个字节,每个字节最高的二进制位分别是( )。

A. 0、1          B. 1、0          C. 0、0          D. 1、1

13. 操作系统将 CPU 资源分成时间片轮流分配给终端用户,同时让终端用户感觉独占计算机,这种操作系统是( )。

A. 分布式操作系统          B. 实时操作系统

C. 分时操作系统          D. 批处理操作系统

14. 小李有一台 800 万像素的手机,用该手机拍摄的照片的最高分辨率大约是( )。

A. 3200×2400     B. 2500×1600     C. 1500×1300     D. 1200×1000

15. 在 Windows 操作系统中,鼠标左键将某个文件拖到另外一个文件夹中,完成的操作是( )。

A. 复制          B. 移动          C. 剪切          D. 删除

16. IP 地址是 IP 协议提供的一种统一地址格式,下列( )是不合法的 IP 地址。

A. 210.118.132.156          B. 211.186.126.165

C. 162.256.123.108          D. 201.108.112.86

17. 有一机构的域名为 kddm.com.cn,我们可以得知该机构属于( )。

A. 政府机关        B. 商业组织        C. 军事部门        D. 教育机构

18. 如果收件人没有及时打开电子邮件,将会出现以下( )的情况。

A. 电子邮件丢失

B. 电子邮件被自动退回

C. 等收件人计算机启动时再次重发

D. 电子邮件保存在收件人邮箱中,可随时查看

19. 关于计算机病毒,以下叙述正确的是( )。

A. 反病毒软件功能强大,可以消灭计算机中所有的病毒

B. 计算机病毒是一种危害计算机的生物病毒

C. 反病毒软件必须及时升级,提高查杀病毒的能力

D. 感染过某病毒后,计算机就可以对该病毒免疫

20. 以下关于防火墙的描述,正确的是( )。

A. 能够让 Internet 免遭受火灾的设施

B. 是一种对抗电磁干扰的设施

C. 主要是为了保护网线免遭破坏

D. 保障网络安全和信息安全的软件和硬件设施

## 二、基本操作

1. 在考生文件夹下 OPPO\TTM 文件夹中新建一个名为 DOC 的文件夹。

2. 将考生文件夹下 MRCCMB 文件夹中的文件 KADF.BAT 删除。

3. 将考生文件夹下 DKMF\HMW 文件夹中的文件 MOKK.DOCX 复制到考生文件夹下 ZUME 文件夹中。

4. 将考生文件夹下 TIME 文件夹中的文件 DFK.OLD 设置成隐藏属性。

5. 将考生文件夹下 TODAY 文件夹中的文件 SGF.BAS 重命名为 SOFT.BAS。

## 三、文字处理

在考生文件夹下,打开文档 WORD1.DOCX,按照要求完成下列操作并以该文件名(WORD1.DOCX)保存文档。

1. 将标题段文字("生物医药制造业上市公司的经营状况研究")设置为二号、黑体、加粗、居中,颜色为"深蓝,文字 2,深色 25%";文本效果预设为"映像:大小 80%,透明度 50%,模糊 9 磅,距离 8 磅";设置标题段文字的字间距为加宽 0.2 磅。

2. 设置正文 1~4 段("本文以 2020 年发布的……为进一步的研究和决策提供有力的数据支持。")字体为宋体、小四,段落首行缩进 2 字符,1.2 倍行距,将正文第 3 段("生物医药制造业在国内上市……东方财富数据库以及同花顺数据库")的缩进格式修改为"无",并设置该段为首字下沉 2 行、距正文 0.5 厘米;在第 1 段["2020 年国家统计局……创业板上市的62 家(见下图)。"]下面插入位于考生文件夹下的图片"各市场上市数量.JPG",图片文字环绕为"上下型",位置"随文字移动",图片纵横比锁定,高度和宽度都设置为原始图片的 85%,图片颜色饱和度设为 200%,色调的色温设为 6700 K。

3. 设置页边距上、下、左、右分别为 2.2 厘米、2.2 厘米、3.1 厘米和 2.7 厘米,装订线位于靠左 2 磅位置;插入分页符使第 4 段("将上述 264 家……提供有力的数据支持。")及其后面的文本置于第 2 页;在页面底端插入"带有多种形状,滚动"页码;在文件菜单下进行属性信息编辑。在文档属性摘要选项卡的标题栏键入"研究报告",主题为"生物医药制造业公司经营研究",作者为"小明",单位为"LHZQ",添加两个关键词"制药;生物医药";插入"怀旧型"封面,输入地址"福州市仓山区解放中路 129 号",设置页面填充效果图案为"10%",背景颜色为"红色,个性色 1,淡色 40%"。

4. 将文中最后 5 行文字依制表符转换为 5 行 7 列的表格,表格字体设为华文楷体、小五;表格第 2~7 列列宽设为 1.5 厘米;表格设置居中对齐,表格第 1 列单元格内容对齐方式为"水平居中",其余所有列的单元格内容对齐方式为"两端对齐",设置表标题("表 2.1 统计性描述情况表")为四号、黑体,字体颜色采用自定义;采用 RGB 颜色模式,其中红色 138、绿色 58、蓝色 36。

5. 为表格的第 1 行和第 1 列添加"茶色,背景 2,深色 25%"底纹,其余单元格添加"白色,背景 1,深色 15%"底纹。在表格后插入一行文字:"数据参考:东方财富以及同花顺数据库",字体为小五,对齐方式为"左对齐"。

## 四、电子表格

在考生文件夹下,打开文档 EXCEL1. DOCX,按照要求完成下列操作并以该文件名(EXCEL1. DOCX)保存文档。

1. 选择 Sheet1 工作表,将单元格 A1:H1 合并,设置该单元格为"文字居中对齐",使用智能填充功能将"员工编号"列自动填充所有员工的编号。根据"绩效分与奖金对应关系"工作表中的数据,利用 IF 函数计算"奖金"列内容(单元格区域 F3:F100);利用 IF 函数计算"工资总额"列内容(单元格区域 G3:G100),要求:工资总额=基本工资+津贴+奖金;利用 IF 函数计算"等级"列内容(单元格区域 H3:H100),要求:工资大于或等于 18800 等级设为"A",工资大于或等于 15980 等级设为"B",其他情况等级设为"C";在 K5:K7 单元格区域,利用 COUNTIF 函数统计各部门的人数情况;在 L5:L7 单元格区域,利用 AVERAGEIF 函数统计各部门员工的平均奖金(要求设置数值型,小数点后保留 0 位);在 K11:K13 和 M11:M13 单元格区域,利用 COUNTIFS 函数分别计算各部门等级为 A、B 的员工人数;在 L11:L13 和 N11:N13 单元格区域,计算等级为 A、B 的员工人数在各部门总人数中的占比情况(要求设置为百分比型,小数点后保留 2 位);利用条件格式将"等级"列内容为"C"的所有单元格设置为"深红"(标准色)、"水平条纹"填充。

2. 在 Sheet1 工作表的各部门统计表 2 区域,选择"部门"列(J10:J13)、"A 等级占比"列(L10:L13)、"B 等级占比"列(N10:N13)数据区域,建立一张"堆积柱形图"图表,图表标题位于图表上方,标题内容为"等级统计图",图例位于底部,系列绘制在主坐标轴,系列重叠80%,设置坐标轴边界最大值 1.0,为数据系列添加"轴内侧"数据标签,设置"主轴主要水平网格线"和"主轴次要水平网格线",将完成的图表置于当前工作表的"J16:N30"单元格区域,最后将工作表 Sheet1 重命名为"电池厂员工工资统计表"。

3. 选择"超市销售统计表"工作表,对工作表内数据清单的内容按主要关键字"分店名称"的降序和次要关键字"商品类别"的升序进行排序;对排序后的数据进行筛选,条件为:A 市分店和 C 市分店、销售数量排名低于 40,原名保存。

## 五、演示文稿

打开考生文件夹下的演示文稿 PPT1. pptx,按照下列要求完成对此文稿的修饰并保存。

1. 为整个演示文稿应用"离子"主题,设置幻灯片的大小为"全屏显示(16:9)",放映方式为"观众自行浏览"。

2. 在第 1 张幻灯片前插入版式为"空白"的新幻灯片,插入样式为"渐变填充:红色,主题色 4;边框:红色,主题色 4(渐变填充-红色,着色 4,轮廓-着色 4)"的艺术字"福建省福州市景区介绍",艺术字字体大小为 63 磅,艺术字文本效果为"转换/跟随路径/拱形:下"。艺术字的动画设置为"进入/缩放"。

3. 将第 2 张幻灯片的版式改为"两栏内容",标题为"福州三坊七巷",右侧内容区插入考生文件夹中的图片"三坊七巷.png",图片动画设置为"退出/擦除"。

4. 在第 2 张幻灯片后插入版式为"标题和内容"的新幻灯片,标题为"福州市三坊七巷景点优势和不足分析",内容区插入 4 行 2 列的表格,第 1 行的第 1～2 列依次录入"优势"和"不足",表格中其他单元格的内容从考生文件夹中的文本文件"PPT1.txt"中获取,表格所有单元格内容均按水平居中对齐和垂直居中对齐。

5. 在幻灯片最后插入一张版式为"空白"的幻灯片,插入一个 SmartArt 图形,版式为"聚合射线",SmartArt 样式为"卡通",SmartArt 图形中的所有文字从考生文件夹下的文本文件"PPT2.txt"中获取,SmartArt 图形动画设置为"进入/随机线条"。

6. 全体幻灯片切换方式为"涟漪",效果选项为"从左上部"。

## 六、上网

同时向下列两个 E-mail 地址发送一个电子邮件(注:不准用抄送,不同地址之间用";"隔开),并将考生文件夹下的一个 Word 文档"kechengbiao.doc"作为附件一起发出去。

具体如下:

【收件人地址】kongyuhui@263. net. cn 和 wangxiaode@163. com

【主题】课程表

【函件内容】"给您发去课程表,及时查收,具体见附件。"

浏览 HTTP://LOCALHOST/index.htm 页面,将页面顶部图片以文件名"banner.gif"保存到考生文件夹下,找到"寄件费用计算方法"链接并打开,将网页以文件名"计费.htm"保存到考生文件夹下。在考生文件夹中新建文本文件"寄件计费说明.txt",将"速通快递公司快递收费"页面的内容"寄件:江浙沪首重 10 元,续重 3 元;……了解更多内容,咨询网站在线客服。"拷贝到该文件中保存。

# 模拟试卷(二)

## 一、选择题

1. 计算机硬件系统主要包括运算器、控制器、存储器、输入设备和输出设备。以下设备中属于输出设备的是(　　)。

A. 键盘　　　　　　B. 鼠标　　　　　　C. 显示器　　　　　　D. 扫描仪

2. 计算机的存储容量单位中,1 GB 等于(　　)。

A. 1024 B　　　　B. 1024 KB　　　　C. 1024 MB　　　　D. 1024 TB

3. 在 Windows 操作系统中,删除文件或文件夹的快捷键是(　　)。

A. Ctrl+C　　　　B. Ctrl+X　　　　C. Delete　　　　D. F2

4. 在 Windows 操作系统中,磁盘碎片整理程序的主要作用是(　　)。

A. 修复损坏的磁盘　　　　　　　B. 提高文件访问速度

C. 扩大磁盘空间　　　　　　　　D. 检查磁盘错误

5. 在 Word 中,要将文档中的某一个词组全部替换为新词组,可使用(　　)功能

A. 查找　　　　　　B. 替换　　　　　　C. 选择　　　　　　D. 复制

6. 在 Word 中,设置段落缩进的正确操作是(　　)。

A. 在"格式"菜单中选择"段落",然后在"段落"对话框中设置缩进

B. 在"编辑"菜单中选择"段落",然后在"段落"对话框中设置缩进

C. 在"视图"菜单中选择"段落",然后在"段落"对话框中设置缩进

D. 在"工具"菜单中选择"段落",然后在"段落"对话框中设置缩进

7. 在 Excel 中,单元格地址是指(　　)。

A. 每一个单元格的大小　　　　　B. 每一个单元格

C. 单元格所在的工作表　　　　　D. 单元格在工作表中的位置

8. 在 Excel 中,使用公式计算数据时,公式以(　　)开头。

A. :　　　　　　　B. =　　　　　　　C. +　　　　　　　D. #

9. 在 PowerPoint 中,幻灯片的切换效果是指(　　)。

A. 幻灯片中对象的动画效果

B. 从一张幻灯片切换到另一张幻灯片时的效果

C. 幻灯片放映时的背景音乐

D. 幻灯片的版式设计

10. 在 PowerPoint 中,若要设置幻灯片的背景,可通过(　　)命令进行。

A. 文件→页面设置　　　　　　　B. 视图→母版→幻灯片母版

C. 格式→幻灯片版式　　　　　　D. 格式→背景

11. 计算机网络按覆盖范围可分为（　　　）。

A. 局域网、城域网、广域网　　　　　　B. 星型网、环型网、总线型网

C. 有线网、无线网　　　　　　　　　　D. 高速网、低速网

12. 下列网络协议中，用于传输文件的是（　　　）。

A. HTTP　　　　　　B. FTP　　　　　　C. SMTP　　　　　　D. TCP

13. 在计算机中，二进制数 1011 对应的十进制数是（　　　）。

A. 11　　　　　　　B. 12　　　　　　　C. 13　　　　　　　D. 14

14. 在 Windows 操作系统中，回收站是（　　　）。

A. 内存中的一块区域　　　　　　　　　B. 硬盘上的一块区域

C. 高速缓存中的一块区域　　　　　　　D. 光盘上的一块区域

15. 在 Word 中，以下（　　　）视图可以看到页面的实际排版效果。

A. 普通视图　　　　　B. 页面视图　　　　C. 大纲视图　　　　D. Web 版式视图

16. 在 Excel 中，对数据进行排序时，可以按照（　　　）进行排序。

A. 数值大小、单元格颜色、字体颜色等　　B. 只能按照数值大小

C. 只能按照单元格颜色　　　　　　　　D. 只能按照字体颜色

17. 在 PowerPoint 中，若要在幻灯片中插入图表，可通过（　　　）选项卡进行操作。

A. 开始　　　　　　B. 插入　　　　　　C. 设计　　　　　　D. 切换

18. 以下属于计算机病毒特征的是（　　　）。

A. 免疫性　　　　　B. 潜伏性　　　　　C. 不可触发性　　　　D. 无危害性

19. 在计算机网络中，IPv4 地址由（　　　）位二进制数组成。

A. 8　　　　　　　　B. 16　　　　　　　C. 32　　　　　　　D. 64

20. 在 Windows 操作系统中，通过（　　　）可以查看计算机的硬件设备信息。

A. 控制面板→系统　　　　　　　　　　B. 控制面板→网络

C. 控制面板→程序　　　　　　　　　　D. 控制面板→用户账户

## 二、基本操作

1. 将考生文件夹下 TURO 文件夹中的文件 POWER. DOC 删除。

2. 在考生文件夹下 KIU 文件夹中新建一个名为 MING 的文件夹。

3. 将考生文件夹下 INDE 文件夹中的文件 GONG. TXT 设置为只读和隐藏属性。

4. 将考生文件夹下 SOUP\HYR 文件夹中的文件 ASER. FOR 复制到考生文件夹下 PEAG 文件夹中。

5. 搜索考生文件夹中的文件 READ. EXE，为其建立一个名为 READ 的快捷方式，放在考生文件夹下。

## 三、文字处理

在考生文件夹下，打开文档 WORD2. DOCX，按照要求完成下列操作并以该文件名（WORD. DOCX）保存文档。

1. 将标题段（"指标体系构建"）样式设置为"标题"；将标题段文字格式设置为小一号、华文新魏、段前间距 6 磅、段后间距 0 磅、加粗、居中，其文本效果设置为"渐变填充：预设渐变/底部聚光灯-个性色 2，类型/路径"，并设置其阴影效果为"预设/透视：左下对角透视"，阴影颜色为紫色（标准色），然后将标题段文字间距紧缩 1.3 磅。

2. 将正文各段文字（"本文指标体系的构建……如表 3.1 所示。"）的中文字体设置为小四号、仿宋，西文字体设置为 Times New Roman，段落格式设置为 1.15 倍行距、段前间距 0.4 行；将正文中的 5 个小标题（"(1)、(2)、(3)、(4)、(5)"）修改成项目符号"■"（注意：如果设置项目符号带来字号变化请及时修正，没有则忽略此提示）；在正文倒数第 2 段（"综上所述……如图 3.1 所示。"）前插入试题文件夹下的图片"图 3-1"，设置图片大小缩放：高度 80%，宽度 80%，文字环绕为"上下型"，预设图片颜色的色调为"色温：4700 K"。

3. 在页面底端插入"普通数字 2"样式页码，设置页码编号格式为"-1-,-2-,-3-,..."，起始页码为"-3-"；在文件菜单下编辑修改该文档的高级属性：作者为"NCRE"，单位为"NEEA"，文档主题为"Office 字处理应用"；在页面顶端插入"空白"型页眉，并在"在此处键入"位置插入文档信息中的该文档主题；为页面添加文字水印"学位论文"。

4. 将文中最后 25 行文字（即"表 3.1 指标文献依据表"以后的所有文字）按照制表符转换成一个 16 行 3 列的表格；合并第 1 列的第 2～6、7～9、10～12、13～14、15～16 单元格；将表格所有文字设置为小四号，字体中文设置为仿宋，西文设置为 Times New Roman，根据内容自动调整表格；设置表格居中，表格标题行重复；设置表标题为"表 3.1 指标文献依据表"字体为四号华文楷体，居中。

5. 设置表格外框线和第 1、2 行间的内框线为蓝色（标准色）1.5 磅单实线，其余内框线为蓝色（标准色）0.75 磅单实线；为表格第 1 行、第 1 列填充底纹，主题颜色为"紫色，个性色 4，淡色 80%"。

# 四、电子表格

在考生文件夹下，打开文档 EXCEL2.DOCX，按照要求完成下列操作并以该文件名（EXCEL2.DOCX）保存文档。

1. 选择 Sheet1 工作表，将 A1：D1 单元格合并为一个单元格，文字居中对齐；利用 COUNTIF 函数计算员工博士、硕士、本科和大专学历的人数置于 G10：G13 单元格内，计算员工人数的总计置于 G14 单元格内，计算员工中博士、硕士、本科和大专学历人数占总人数的百分比置于 H10：H13 单元格内（百分比型，保留小数点后 2 位）。利用 AVERAGEIF 函数计算各部门员工的平均年龄置于（K10：K16）单元格内（数值型，保留小数点后 0 位）。利用条件格式的图标集"三向箭头（彩色）"修饰年龄列（B3：B83），将所有年龄大于或等于 50 岁的单元格用红色向下箭头图标显示，所有年龄小于 30 岁的单元格用绿色向上箭头图标显示，其余年龄的单元格用黄色向右箭头图标显示。［注意：通过设置图标集"三向箭头（彩色）""反转图标次序"实现，否则不得分。］

2. 选择 Sheet1 工作表中"学历统计表"的"学历"列（F9：F13）、"百分比"列（H9：H13），建立"三维饼图"，图表标题为"学历统计图"，用图表样式 8 修饰图表，图表标题显示在图表上方，图例位于右侧，设置数据系列格式第一扇区起始角度为 50°，饼图分离程度为 20%，将图表插入 Sheet1 工作表的 F20：K34 单元格区域内,将 Sheet1 工作表命名为"员工信息表"。

3. 选择"产品销售情况表"工作表,对工作表内数据清单的内容按主要关键字"产品名称"的升序和次要关键字"季度"的升序进行排序;对排序后的数据进行筛选,条件:分公司为南部 1、南部 2、南部 3 和南部 4,且销售额排名小于或等于 50,工作表名不变,保存Excel.xlsx 工作簿。

## 五、演示文稿

打开考生文件夹下的演示文稿 PPT2.pptx,按照下列要求完成对此文稿的修饰并保存。

1. 为整个演示文稿应用"切片"主题;放映方式设置为"观众自行浏览(窗口)";设置幻灯片的大小为"宽屏(16∶9)"。

2. 将第 1 张幻灯片标题中的文字字体设置为"华文琥珀",字体样式为"加粗",字号大小为 60 磅;副标题中的文字字体设置为"宋体",字体样式为"加粗",字号大小为 32 磅,字体颜色设置成标准色蓝色。

3. 在第 2 张幻灯片前面中插入一张新幻灯片,版式为"标题和内容",在标题处输入文字"目录",在内容框中按顺序输入第 3~6 张幻灯片的标题,并且添加相应幻灯片的超链接。

4. 将第 3 张幻灯片的版式改为"标题和内容",在文本栏内插入一个 4 行 2 列的表格,表格内容取自试题文件夹下的 Word 文件(素材.docx)内的相应内容。

5. 将第 4 张幻灯片的版式改为"两栏内容",将试题文件夹下的图片文件(ppt1.jpg)插入左侧栏中,图片动画设置为"进入/飞入",将试题文件夹下的图片文件(ppt2.jpg)插入右侧栏中。

6. 将第 5 张幻灯片中文本框内的文字插入项目符号"●",动画设置为"进入/缩放",效果选项为"幻灯片中心"。

7. 将第 6 张幻灯片的版式改为"标题和内容",在文本框内中插入一个 SmartArt 图形,布局为"垂直重点列表",SmartArt 样式为"卡通",将试题文件夹下的 Word 文件(素材.docx)内的相应内容插入这个 SmartArt 图形相应的地方。

8. 设置全体幻灯片切换方式为"涟漪",并且每张幻灯片的自动换片时间为 5 秒。

## 六、上网

(1)接收并阅读由 zhangyong@mail.ncre.edu.cn 发来的 E-mail,将此邮件地址保存到通信录中,姓名输入"张勇",并新建一个联系人分组,分组名字为"同事",将张勇加入此分组中。

(2)某模拟网站的地址为 HTTP://LOCALHOST/index.htm,打开此网站,找到关于最强选手"王峰"的页面,将此页面另存到试题文件夹下,文件名为"WangFeng.htm",再将该页面上有王峰人像的图像另存到试题文件夹下,文件命名为"Photo.jpg"。

# 模拟试卷(三)

## 一、选择题

1. 1946 年,美国成功研制出世界上第一台通用电子数字计算机,此计算机的英文缩写名为(     )。

A. MACC-450       B. ENIAC          C. DESAC          D. EDVAC

2. 音频与视频信息在计算机内的表现形式是(     )。

A. 二进制数                           B. 调制方式

C. 模拟信号                           D. 模拟信号或数字信号

3. 一个计算机系统的两大组成部分是(     )。

A. 主机和外部设备                    B. 硬件系统和软件系统

C. 系统软件和应用软件                D. 主机和输入、输出设备

4. 计算机硬件主要包括中央处理器、存储器、输入设备和(     )。

A. 输出设备       B. 键盘           C. 硬盘           D. 打印机

5. "64 位微机"中的"64 位"指的是(     )。

A. 微机的型号     B. 内存的容量     C. 存储的单位     D. 机器的字长

6. ROM 是(     )。

A. 随机存储器                         B. 只读存储器

C. 统一设备接口                       D. 高速缓冲存储器

7. 下列选项中,既能够作为输入设备又能够作为输出设备的是(     )。

A. 打印机         B. 键盘           C. 鼠标           D. 磁盘驱动器

8. 下列英文缩写与中文名称的对照中,正确的是(     )。

A. 计算机辅助设计:CAD               B. 计算机辅助教育:CAM

C. 计算机集成管理系统:CIMS          D. 计算机辅助制造:CAI

9. 假设某台式计算机的内存储器容量为 512 MB,硬盘容量为 10 GB。硬盘的容量是内存容量的(     )。

A. 20 倍          B. 40 倍          C. 80 倍          D. 100 倍

10. 十进制数 24 转换成二进制数是(     )。

A. 010101         B. 101000         C. 011000         D. 001010

11. 在下列字符中,其 ASCII 码值最小的一个是(     )。

A. 8              B. q              C. Y              D. b

12. 存储 1024 个 24×24 点阵的汉字字形码需要的字节数是(     )。

A. 36 KB          B. 72 KB          C. 3600 B         D. 7200 B

13. 下列对计算机操作系统的作用的描述,正确的是(　　)。

A. 管理用户　　　　　　　　　　　　B. 管理计算机上的硬件资源

C. 管理计算机的软件系统　　　　　　D. 管理计算机系统的所有资源

14. 对声音波形采样时,采样频率越高,量化位数越大,声音文件的数据量(　　)。

A. 越小　　　　　　B. 越大　　　　　　C. 保持不变　　　　　　D. 不确定

15. JPEG 是一个数字信号压缩的国际标准,其压缩对象是(　　)。

A. 文本文档　　　　　B. 音乐音频　　　　　C. 静态图像　　　　　D. 动态视频

16. 我们可以恢复在 Windows 的回收站中(　　)。

A. 从硬盘中删除的文件或文件夹　　　B. 从光盘中删除的文件或文件夹

C. 剪切掉的文件夹　　　　　　　　　D. 从 U 盘中删除的文件或文件夹

17. 在 Word 中删除插入点光标右侧的字符,需要按(　　)键。

A. Tab　　　　　　B. Insert　　　　　　C. Delete　　　　　　D. Backspace

18. 计算机网络的主要目的是实现(　　)。

A. 文献检索和数据处理　　　　　　　B. 网络游戏和网上聊天

C. 数据通信和资源共享　　　　　　　D. 共享节点和收发邮件

19. 正确的 IP 地址是(　　)。

A. 102.113.102.3　　　　　　　　　B. 232.3.3.5.8

C. 101.12.2　　　　　　　　　　　　D. 302.255.314.12

20. 防火墙用于将内部网络和 Internet 隔离,因此它是(　　)。

A. 可防止 Internet 发生火灾的硬件设施

B. 具有抗电磁干扰功能的硬件设施

C. 保护网线不被破坏的软件与硬件设施

D. 保障网络安全和信息安全的软件与硬件设施

## 二、基本操作

1. 将考生文件夹下 ADOB\EST 文件夹中的文件 AGENT.PAS 设置为隐藏属性。

2. 将考生文件夹下 BEST\BROND 文件夹中的文件 LINUX.FOR 删除。

3. 在考生文件夹下 CAMP 文件夹中建立一个新文件夹 GOAL。

4. 将考生文件夹下 SEST\MAST 文件夹中的文件夹 TIM 复制到试题文件夹下的 KOS\JORDON 文件夹中,并将文件夹改名为 LAST。

5. 将考生文件夹下 DARLING\SAT 文件夹中的文件夹 SET 移动到试题文件夹下的 MOON 文件夹中。

## 三、文字处理

在考生文件夹下,打开文档 WORD3.DOCX,按照要求完成下列操作并以该文件名 (WORD3.DOCX)保存文档。

1. 将标题段("中国崛起")的文本效果设置为渐变填充预设渐变"径向渐变-个性色 5",

并修改其阴影效果为"内部:左上",阴影颜色为深蓝色(标准色);将标题段文字设置为二号、黑体、加粗、居中,文字间距加宽 1.8 磅。

2. 将正文各段文字("中国……早日实现。")设置为小四号、宋体,段落格式设置为 1.23 倍行距、段前间距 0.5 行,首行缩进 2 字符;为正文第 3~5 段("新中国……美好未来。")添加项目符号"●";在第 6 段("中国崛起……早日实现。")后插入试题文件夹下的图片"图 3.1",设置图片大小缩放:高度 75%,宽度 75%,文字环绕为"上下型",图片居中。

3. 在页面底端插入"普通数字 2"样式页码,设置页码编号格式为"-1-,-2-,-3-,…",起始页码为"-3-";在页面顶端插入"空白"型页眉,页眉内容为文档部件中文档属性的"作者",并为页面添加文字水印"严禁外传"。

4. 将文中最后 9 行文字转换成一个 9 行 4 列的表格;第 1 行所有文字设置为字号小四,字体黑体,加粗,内容水平居左;设置表格居中,表格中第 1 列内容水平居中;设置表格第 1 列宽为 1.5 厘米,第 4 列宽为 6 厘米。

5. 设置表格外框线和第 1、2 行间的内框线为深红色(标准色)2 磅单实线,其余内框线为红色(标准色)1 磅单实线;为单元格填充底纹"紫色,个性色 4,淡色 80%"。

## 四、电子表格

在考生文件夹下,打开文档 EXCEL3. DOCX,按照要求完成下列操作并以该文件名(EXCEL3. DOCX)保存文档。

1. 将工作表 Sheet1 的 A1:D1 单元格合并为一个单元格,内容水平居中,并加粗。计算"增长比例"列的内容,增长比例=(2024 年销量-2023 年销量)/2024 年销量(百分比型,保留小数点后 1 位),利用条件格式将 D3:D19 区域设置为实心填充橙色数据条。

2. 选取工作表 Sheet1 的"设备名称"列和"增长比例"列的单元格内容,建立"三维簇状柱形图",图标题为"设备销售情况图",图例位于顶部,插入表的 F4:L21 单元格区域内,将工作表命名为"设备销售情况表Ⅰ"。

3. 将工作表"设备销售情况表Ⅱ"内数据清单的内容按主要关键字"月份"的升序、次要关键字"销售额(万元)"的降序进行排序,对排序后的数据进行分类汇总,分类字段为"月份",汇总方式为"平均值",汇总项为"销售额(万元)",汇总结果显示在数据下方。

## 五、演示文稿

打开考生文件夹下的演示文稿 PPT3. pptx,按照下列要求完成对此文稿的修饰并保存。

1. 为整个演示文稿应用"环保"主题,将全部幻灯片的切换方案设置成"推入",效果选项为"自左侧"。

2. 在第 1 张幻灯片前插入一张版式为"空白"的新幻灯片,在位置(水平:5.3 厘米,自:左上角,垂直:8.2 厘米,自:左上角)插入样式为"填充-白色,轮廓-着色 2,清晰阴影-着色 2"(或者"白色;边框:青色,主题色 2;清晰阴影:青色,主题色 2")的艺术字"计算机基础",文本效果为"转换-弯曲-正方形"。将第 4 张幻灯片的版式改为"两栏内容",将第 5 张幻灯片的左图插入第 4 张幻灯片右侧内容区。图片动画设置为"飞入/自底部"。将第 5 张幻灯片的右图插入第 2 张幻灯片右侧内容区,第 2 张幻灯片主标题输入"图灵机"。将第 3 张幻灯片的文本设置为 32 磅字。移动第 2 张幻灯片,使之成为第 4 张幻灯片,删除第 5 张幻灯片。

## 六、上网

(1)向 wangdali@ptu.edu.cn 发送邮件,并抄送 lixiaomi@ptu.edu.cn,邮件主题为"通知",邮件内容为"根据学校要求,请机电与信息工程学院教师按照附件表格要求填写任课信息,并于 7 日内返回,谢谢!",同时将试题文件夹中的文件"课表.xlsx"作为附件一并发送。

(2)浏览 HTTP://LOCALHOST/index.htm 页面,将页面的图片保存到试题文件夹下,文件命名为"djks.gif"。打开"证书申请流程"链接,将页面的内容("证书申请流程……下发证书")拷贝到文本文件"zssqlc.txt"中,并放置到试题文件夹中。

# 模拟试卷(四)

## 一、选择题

1. 现代电子数字计算机按原理可分为( )。

A. 电子模拟计算机和电子数字计算机　　B. 科学计算计算机、数据处理计算机

C. 巨型、大型、中型、小型、微型计算机　　D. 笔记本电脑、台式计算机、服务器

2. 在计算机应用中,CAD 是指( )。

A. 计算机辅助制造　　　　　　　　　　B. 计算机辅助教育

C. 计算机集成制造系统　　　　　　　　D. 计算机辅助设计

3. 计算机内部采用二进制表示数据信息,主要原因是( )。

A. 占用空间小　　　　B. 容易实现　　　　C. 便于记忆　　　　D. 书写简单

4. 存储 1024 个 48×48 点阵的汉字,占用的存储空间是( )。

A. 288 MB　　　　　　B. 288 KB　　　　　C. 2304 KB　　　　　D. 2304 MB

5. MIPS 是度量计算机( )常用的单位。

A. 分辨率　　　　　　B. 存储容量　　　　C. 运算速度　　　　D. 时钟频率

6. 能直接与 CPU 交换信息的存储器是( )。

A. 内存　　　　　　　B. 硬盘　　　　　　C. 光盘　　　　　　D. U 盘

7. 在计算机中,Cache 主要是解决( )。

A. 内存与外存之间速度不匹配的问题　　B. 多 CPU 之间速度不匹配的问题

C. CPU 与外存之间速度不匹配的问题　　D. CPU 与内存之间速度不匹配的问题

8. 下列关于 RAM 和 ROM 的描述,错误的是( )。

A. RAM 就是通常所说的内部存储器

B. RAM 是直接与 CPU 交换数据的内部存储器

C. RAM 断电后数据不会丢失

D. ROM 中的信息,用户一般是无法修改的

9. 下列选项中,不属于输出设备的是( )。

A. 打印机　　　　　　B. 显示器　　　　　C. 投影仪　　　　　D. 扫描仪

10. 分辨率为 1024×1024 的显示器,像素颜色为 256 色,则显示器的容量最小为( )。

A. 8 MB　　　　　　　B. 256 MB　　　　　C. 1024 MB　　　　　D. 1024 KB

11. 将源程序翻译成等价的另一种语言的程序称为( )。

A. 编译　　　　　　　B. 解释　　　　　　C. 链接　　　　　　D. 汇编

12. 下面关于计算机指令的描述,正确的是( )。

A. 给计算机发出一条指令就是运行一个程序

B. 指令系统有统一的格式,所有计算机指令系统都相同

C. 指令就是程序的集合

D. 计算机指令通常由操作码和操作数组成

13. 计算机软件系统中最核心的是（　　　）。

A. 操作系统　　　　　　B. 数据处理系统　　　　C. 应用软件系统　　　　D. 编译系统

14. 以下关于操作系统的描述，正确的是（　　　）。

A. 操作系统是主机与外设的接口

B. 操作系统的主要作用是管理计算机系统的所有资源

C. 操作系统的主要功能是管理 CPU、显示器以及打印机和鼠标器

D. 操作系统向用户提供可直接使用的功能

15. 以下关于多媒体技术的描述，错误的是（　　　）。

A. 多媒体技术是指用计算机技术把多媒体综合一体化，并进行加工处理的技术

B. 交互性是多媒体技术的关键特征

C. 多媒体技术能够对多种媒体信息进行采集、存储、加工

D. 多媒体技术发展的基础是通信技术的发展

16. 采样频率 10 kHz、16 位量化精度的立体声音，每秒需存储容量约为（　　　）。

A. 320 KB　　　　　　B. 40 KB　　　　　　C. 16 KB　　　　　　D. 128 KB

17. 下列关于计算机网络的描述，错误的是（　　　）。

A. 计算机网络常见的拓扑结构有星型、环型、总线型

B. 计算机网络按地理范围可分为广域网、城域网、局域网

C. 因特网属于局域网

D. 计算机网络最突出的特点是资源共享

18. 因特网最基础、最核心的协议是（　　　）。

A. E-mail　　　　　　B. WWW　　　　　　C. FTP　　　　　　D. TCP/IP

19. 计算机病毒是指（　　　）。

A. 错误的程序　　　　　　　　　　　B. 以危害软硬件系统为目的的程序

C. 不完善的程序　　　　　　　　　　D. 一种生物病毒

20. 用于电子邮件服务器的主要协议有（　　　）。

A. POP3 和 SMTP　　　　　　　　　B. HTM 和 HTML

C. HTTP 和 FTP　　　　　　　　　　D. WWW 和 Telnet

# 二、基本操作

1. 将考生文件夹下 WINFIRST\LAYER 文件夹中的 Bird. bmp 移动到 WINFIRST\LEVEL 文件夹下，并改名为 NEWBird. JPG。

2. 在考生文件夹下 WINFIRST\STRUCTURE 中新建立一个 TXT 文本文件，内容不限，并取名为 STR. TXT。

3. 查找考生文件夹下 WINFIRST\LAYER 文件夹中所有以 T 字母开头的文件并删除。

4. 将考生文件夹下 WINFIRST\STRUCTURE 中的文件 MYDB. DB 设置成只读属性。

5. 为考生文件夹下 WINFIRST 中的 HAPPY. pptx 创建名为 HQk 的快捷方式，并放

在考生文件夹中。

## 三、文字处理

在考生文件夹下,打开文档 WORD4. DOCX,按照要求完成下列操作并以该文件名(WORD4. DOCX)保存文档。

1. 将文中所有词语"棒球"替换为"垒球",将标题("体育＋"让产业发展更多元)设置为二号、红色(标准色)、黑体、居中对齐,添加浅绿色(标准色)底纹,文字间距加宽10磅。设置其段前间距、段后间距均为 0.5 行。

2. 将正文各段文字("以球促交流 产业融合……更好地满足群众多元化体育需求。",正文内容不包含最后的表格)设置为 1.5 倍行距、段前间距 0.5 行,字号 11,为正文中四个节标题(以球促交流 产业融合"全垒打"、精品赛事打造激发产业新动能、赛事＋文旅把"流量"转变为"留量"、数字经济赋能探索体育消费新场景)添加"一、""二、""三、""四、"样式的编号,设置除标题和四个节标题段落之外的其余正文(不包含最后的表格)段落首行缩进 2 字符。在第二个节标题("精品赛事打造激发产业新动能")下面插入位于考生文件夹下的图片"WORD1. JPG",图片文字环绕为"上下型",位置"随文字移动",图片纵横比锁定,高度和宽度都设置为原始图片的 60％,图片颜色饱和度设为 200％。

3. 设置页边距,上、下、左、右分别为 2.2 厘米、2.2 厘米、3.1 厘米和 2.7 厘米,装订线位于靠左 2 磅位置;在页面顶端插入"空白"型页眉,利用"文档部件"在页眉内容处插入文档的"作者"信息,在页面底端插入"镶边"型页脚,并设置其中的页码编号格式为"-1-,-2-,-3-,...",设置页面填充效果图案为"点线 5％",背景颜色为"白色,背景 1,深色 5％"。

4. 将文中最后 4 行文字依制表符转换为 4 行 6 列的表格,表格字体设为华文楷体、小五;表格设置居中对齐,表格第 1 列单元格内容对齐方式为"水平居中",其余所有列的单元格内容对齐方式为"两端对齐",设置表格每行高均为 1 厘米,第 1 列宽 4 厘米,其他列均为 2 厘米,用表格第 1 行设置表格"重复标题行",按列"条目"依据"拼音"类型升序排列表格内容。

5. 设置表格第 1 行底纹颜色为主题颜色"绿色,个性色 6,淡色 40％",表格外框线为紫色(标准色)0.5 磅双窄线,内框线为红色(标准色)0.75 磅单实线。

## 四、电子表格

在考生文件夹下,打开文档 EXCEL4. DOCX,按照要求完成下列操作并以该文件名(EXCEL4. DOCX)保存文档。

1. 选择 Sheet1 工作表,将 A1:H1 单元格合并为一个单元格,内容居中对齐;使用智能填充为"学生编号"列中的空白单元格添加学生编号。根据"小队名称对照表"工作表,利用 VLOOKUP 函数填入"小队名称"列(C3:C34)的内容;依据前面 3 列成绩以及占比,利用公式计算"总分"列(G3:G34)的内容(数值型,保留整数);依据总分使用 RANK. EQ 函数计算每个学生的排名,排名置于"成绩排名"列(降序排列);使用 AVERAGEIF 函数计算每队学生每部分成绩的平均值,计算结果分别填入"理论部分"列(J3:J6)、"操作部分"列(K3:K6)、"编程部分"列(L3:L6)、"队平均成绩"列(M3:M6)内,均为数值型,小数点保留 2 位;利用条件格式设置 H3:H34 单元格区域,基于各自的值设置单元格的格式为渐变填充数据条,条形图方向为"从右到左"。

2. 将 Sheet1 工作表命名为"学科竞赛成绩表",对当前表内"小队编号"列(I2:I6)、"理论部分"列(J2:J6)、"操作部分"列(K2:K6)、"编程部分"列(L2:L6)、"队平均成绩"列(M2:M6)内数据区域的内容建立"堆积柱形图",图表标题为"平均成绩统计图",位于图表上方,图例位于底部,系列绘制在主坐标轴,系列重叠 80%,为数据系列添加"轴内侧"数据标签,设置"主轴主要水平网格线"和"主轴次要水平网格线",将图表插入当前工作表的 I8:M19 单元格区域内。

3. 选择"学科季度竞赛分布表"工作表,对工作表内数据清单的内容按主要关键字"小队编号"的升序和次要关键字"季度"的升序进行排序,对排序后的内容进行分类汇总,分类字段为"小队编号",汇总方式为"求和",汇总项为"参加人数"和"总得分",汇总结果显示在数据下方,原名保存。

# 五、演示文稿

打开考生文件夹下的演示文稿 PPT4.pptx,按照下列要求完成对此文稿的修饰并保存。

1. 为整个演示文稿应用"环保"主题;放映方式为"演讲者放映";设置幻灯片的大小为"宽屏(16:9)"。

2. 将第 1 张幻灯片标题中的添加文字"高铁:全球领先的交通革命",字体设置为"隶书",字体样式为"加粗",字体大小为 60 磅,字体颜色设置成标准色蓝色。

3. 将第 2 张幻灯片的版式改为"两栏内容",标题为"新能源汽车:电动汽车的全球竞争力",左侧文本字体设置为"楷体、20 磅",字体颜色为"橙色,个性色 5,深色 25%";右侧内容区插入考试文件中图片"PPT1.jpg",并为图片设置动画"劈裂",效果为"上下向中央收缩"。

4. 在第 1 张幻灯片前面中插入一张版式为"标题和内容"的新幻灯片,标题内容为"中国科技崛起!",在内容框中输入后面所有幻灯片的标题,并添加相应幻灯片的超链接。

5. 将第 4 张幻灯片版式修改为"图片与标题";在右边图片区域插入考生文件夹下的图片"PPT2.jpg",图片的大小缩放为高度"120%""锁定纵横比",图片在幻灯片上的水平位置为"20 厘米""从左上角",垂直位置为"2 厘米""从左上角",图片样式设置为"柔化边缘椭圆"。

6. 将第 5 张幻灯片的文本框的文字转换成 SmartArt 图形,版式为"基本维恩图",样式为"细微效果",更改颜色为"彩色范围-个性色 5 至 6";SmartArt 图形设置为动画"旋转",效果为"逐个"。

7. 在最后一张幻灯片,将内容区的文字删除,并插入 4 行 5 列的表格,表格所有单元格设置为居中对齐和垂直居中对齐,字体设置为 20 磅。设置表格行高为 2 厘米,第 1 行的第 1～5 列依次录入"部门"、"科技部"、"中科院"、"基金委"和"工程院",第 1 列的第 2～4 行依次录入"收入"、"支出"和"结转结余"。其他单元格内容按考生文件夹下的 PPT1.txt 内的相应内容填写。

8. 设置全体幻灯片切换方式为"随机线条",并且每张幻灯片的自动换片时间为 4 秒。

## 六、上网

(1)向张先生(邮箱为 Zhang@mail. ncre. edu. cn)发送一封邮件,并抄送给唐女士(tt123 @abc. com),主题为"会议通知",邮件内容为"明天举行年度总结大会,请提前做好安排"。

(2)进入某模拟网站 HTTP://LOCALHOST/index. htm,将首页以"网页,仅 HTML"的类型保存到考生文件夹中,文件名为 EXAM3. htm。将主页上的 Logo 图片另存为"EXAM3.jpg",保存到考生文件夹中。

# 模拟试卷选择题参考答案

## 模拟试卷(一)选择题参考答案

1. B   2. C   3. B   4. D   5. A   6. A   7. C   8. C   9. C   10. A
11. A   12. C   13. C   14. A   15. B   16. C   17. B   18. D   19. C   20. D

## 模拟试卷(二)选择题参考答案

1. C   2. C   3. C   4. B   5. B   6. A   7. D   8. B   9. B   10. D
11. A   12. B   13. A   14. B   15. B   16. A   17. B   18. B   19. C   20. A

## 模拟试卷(三)选择题参考答案

1. B   2. A   3. B   4. A   5. D   6. B   7. D   8. A   9. A   10. C
11. A   12. B   13. D   14. B   15. C   16. A   17. C   18. C   19. A   20. D

## 模拟试卷(四)选择题参考答案

1. A   2. D   3. B   4. B   5. C   6. A   7. D   8. C   9. D   10. D
11. A   12. D   13. A   14. B   15. D   16. B   17. C   18. D   19. B   20. A

# 全国计算机等级考试
# 一级计算机基础及 MS Office 应用考试大纲

## I. 考试介绍

全国计算机等级考试(National Computer Rank Examination,NCRE)是经原国家教育委员会(现教育部)批准,由教育部教育考试院(原教育部考试中心)主办,面向社会,用于考查应试人员计算机应用知识与技能的全国性计算机水平考试体系。NCRE 开考之后,受到社会广泛关注和认可,为我国信息化技术人才的培养做出了重要贡献。

## II. 基本要求

1. 掌握算法的基本概念。
2. 具有微型计算机的基础知识(包括计算机病毒的防治常识)。
3. 了解微型计算机系统的组成和各部分的功能。
4. 了解操作系统的基本功能和作用,掌握 Windows 7 的基本操作和应用。
5. 了解计算机网络的基本概念和因特网(Internet)的初步知识,掌握 IE 浏览器软件和 Outlook 软件的基本操作和使用。
6. 了解文字处理的基本知识,熟练掌握文字处理软件 Word 2016 的基本操作和应用,熟练掌握一种汉字(键盘)输入方法。
7. 了解电子表格软件的基本知识,掌握电子表格软件 Excel 2016 的基本操作和应用。
8. 了解多媒体演示软件的基本知识,掌握演示文稿制作软件 PowerPoint 2016 的基本操作和应用。

# Ⅲ. 考试内容

## 一、计算机基础知识

1. 计算机的发展、类型及其应用领域。
2. 计算机中数据的表示与存储。
3. 多媒体技术的概念与应用。
4. 计算机病毒的概念、特征、分类与防治。
5. 计算机网络的概念、组成和分类;计算机与网络信息安全的概念和防控。

## 二、操作系统的功能和使用

1. 计算机软、硬件系统的组成及主要技术指标。
2. 操作系统的基本概念、功能、组成及分类。
3. Windows 7 操作系统的基本概念和常用术语,文件、文件夹、库等。
4. Windows 7 操作系统的基本操作和应用。
　　(1)桌面外观的设置,基本的网络配置。
　　(2)熟练掌握资源管理器的操作与应用。
　　(3)掌握文件、磁盘、显示属性的查看、设置等操作。
　　(4)中文输入法的安装、删除和选用。
　　(5)掌握对文件、文件夹和关键字的搜索。
　　(6)了解软、硬件的基本系统工具。
5. 了解计算机网络的基本概念和因特网的基础知识,主要包括网络硬件和软件,TCP/IP 协议的工作原理,以及网络应用中常见的概念,如域名、IP 地址、DNS 服务等。
6. 能够熟练掌握浏览器、电子邮件的使用和操作。

## 三、文字处理软件的功能和使用

1. Word 2016 的基本概念,Word 2016 的基本功能、运行环境、启动和退出。
2. 文档的创建、打开、输入、保存、关闭等基本操作。
3. 文本的选定、插入与删除、复制与移动、查找与替换等基本编辑技术;多窗口和多文档的编辑。
4. 字体格式设置、文本效果修饰、段落格式设置、文档页面设置、文档背景设置和文档分栏等基本排版技术。
5. 表格的创建、修改;表格的修饰;表格中数据的输入与编辑;数据的排序和计算。

6. 图形和图片的插入；图形的建立和编辑；文本框、艺术字的使用和编辑。

7. 文档的保护和打印。

## 四、电子表格软件的功能和使用

1. 电子表格的基本概念和基本功能，Excel 2016 的基本功能、运行环境、启动和退出。

2. 工作簿和工作表的基本概念和基本操作，工作簿和工作表的建立、保存和退出；数据输入和编辑；工作表和单元格的选定、插入、删除、复制、移动；工作表的重命名和工作表窗口的拆分和冻结。

3. 工作表的格式化，包括设置单元格格式、设置列宽和行高、设置条件格式、使用样式、自动套用模式和使用模板等。

4. 单元格绝对地址和相对地址的概念，工作表中公式的输入和复制，常用函数的使用。

5. 图表的建立、编辑、修改和修饰。

6. 数据清单的概念，数据清单的建立，数据清单内容的排序、筛选、分类汇总，数据合并，数据透视表的建立。

7. 工作表的页面设置、打印预览和打印，工作表中链接的建立。

8. 保护和隐藏工作簿和工作表。

## 五、PowerPoint 的功能和使用

1. PowerPoint 2016 的基本功能、运行环境、启动和退出。

2. 演示文稿的创建、打开、关闭和保存。

3. 演示文稿视图的使用，幻灯片的基本操作（编辑版式、插入、移动、复制和删除）。

4. 幻灯片的基本制作方法（文本、图片、艺术字、形状、表格等插入及格式化）。

5. 演示文稿主题选用与幻灯片背景设置。

6. 演示文稿放映设计（动画设计、放映方式设计、切换效果设计）。

7. 演示文稿的打包和打印。

# Ⅳ. 考试方式

上机考试，考试时长 90 分钟，满分 100 分。

## 一、题型及分值

1. 单项选择题（计算机基础知识和网络的基本知识）20 分

2. Windows 7 操作系统的使用 10 分

3. Word 2016 操作 25 分

4. Excel 2016 操作 20 分

5. PowerPoint 2016 操作 15 分

6. 浏览器(IE)的简单使用和电子邮件收发 10 分

## 二、考试环境

操作系统:Windows 7

考试环境:Microsoft Office 2016

# 参考文献

[1]宋豫军.计算机应用基础教程(全国计算机等级考试一级 MS Office 应用)(Office 2016)[M].北京:航空工业出版社,2023.

[2]教育部教育考试院.全国计算机等级考试一级教程——计算机基础及 MS Office 应用上机指导[M].北京:高等教育出版社,2023.

[3]侯冬梅.计算机应用基础实训教程[M].5 版.北京:中国铁道出版社,2022.

[4]严晖,刘卫国.大学计算机学习与实验指导[M].5 版.北京:高等教育出版社,2022.

[5]刘启明,孙中红.大学计算机与人工智能基础实验教程[M].4 版.北京:高等教育出版社,2021.

[6]龚沛曾,杨志强.大学计算机基础简明教程实验指导与测试[M].3 版.北京:高等教育出版社,2021.

[7]甘勇.大学计算机基础实践教程[M].2 版.北京:人民邮电出版社,2024.

[8]刘志成,石坤泉.大学计算机基础上机指导与习题集(微课版)[M].北京:人民邮电出版社,2023.

[9]华振兴,陆思辰,杨久婷,等.大学计算机基础任务驱动教程[M].北京:清华大学出版社,2024.

[10]顾沈明,张建科,陈荣品,等.计算机基础题解与上机指导[M].7 版.北京:清华大学出版社,2023.

[11]殷志杰,党娥娥,梁婷婷,等.计算机应用基础项目化教程:Window 10＋Office 2016[M].北京:清华大学出版社,2022.

[12]王梅娟.大学计算机基础实验教程[M].北京:清华大学出版社,2024.

[13]陈晓文,熊曾刚,王曙霞.大学计算机基础实验教程[M].北京:清华大学出版社,2024.